樂果文化

我是 I'm panda 大貓熊

譚　楷◎文
周孟棋◎攝影

大貓熊 作家　譚楷

　　1943年，生於四川省中江縣。曾任《科幻世界》總編輯、四川野生動物保護協會歷屆理事。現任中英文雜誌《大熊貓》執行主編。

　　33年來，走遍大貓熊自然保護區，深入研究大貓熊文化，發表《孤獨的跟蹤人》《大震在熊貓之鄉》《野生動物世界》等多部大貓熊題材的報導文學作品和組詩。多次榮獲優秀科普作品獎，被譽為「貓熊作家」。

　　1996年，小說《西伯利亞一小站》，榮獲臺灣第八屆《中央日報》文學獎小說獎第一名。

大貓熊 攝影師　周孟棋

　　四川成都人，《中國國家地理》雜誌特約攝影師，中國攝影家協會、中國藝術攝影學會、中國新聞攝影學會會員。

　　作品多次赴日本、美國、俄羅斯、義大利、法國、西班牙、比利時等國家展出。中國攝影家協會授予「德藝雙馨優秀會員」「2008年抗震救災優秀攝影家」。

　　多年來，對大貓熊有獨特研究，出版《我是你的朋友大熊貓》《中國大熊貓》《可愛的大熊貓》等攝影專集。

　　2011年，《中國大熊貓》從眾多美術圖書中脫穎而出，榮獲中國美術圖書金獎，被世界多所圖書館收藏。2012年，由英國出版。同年，應邀赴瑞士舉辦《大熊貓和牠的故鄉》個人攝影展。2013、2014年，《中國大熊貓》分由義大利、德國出版。

動物爸爸、臺北市立動物園前園長

葉傑生

建立動物平權，維護自然生態

作者譚楷先生曾經在我擔任臺北市立木柵動物園園長期間來拜訪過我，他是一位愛護動物的謙謙君子，當時我們交談得非常投契、愉快，都認為大貓熊是老天爺留給我們地球最珍貴的資產。

好書我認為應具備三個基本要求，第一是創意，沒有創意很難吸引讀者；第二是內容，沒有好的內容不是好書；第三是啟發，要能消化吸收、有所精進。這次譚楷先生所寫的《我是大貓熊》，加上周孟棋先生的攝影，已經符合上述要求；內容深入淺出，將動物世界裡號稱頭號明星的大貓熊，牠們的由來和引起的各種風潮故事，都藉由貓熊妮妮娓娓道來，顯得特別親切也易懂，讀者可以藉由溫馨的筆觸，更加了解這種吸睛且可療癒心靈、可愛的活化石。

當歷史演進，人類一直在倡導男女平等、種族平等、平權主義的現在，我們卻忽略了動物的平權，動物權被長期忽視。當地球許多珍稀動物被獵殺滅絕，牠們的棲息地被破壞、牠們的生存權遭受剝奪的時候，大地也開始反撲，絕地大反攻。

近年來，全球各地陸續出現氣溫異常現象，歐美地區夏天的熱浪造成數百人熱死；南美的亞馬遜河流域，更接連幾年出現嚴重乾旱。美國今年的極地渦旋，原本冷空氣都應保留在北極，但是其中一處渦旋卻往南跑到墨西哥灣，突然間一切都變了。極地渦旋現在衝出加拿大，一路往下跑，經過洛磯山脈直跑向墨西哥灣，然後向上移動到格陵蘭，所有的冷空氣全被灌進了美國東部地區。這些氣候異常現象，都和地球暖化、野生動物棲息地破碎脫不了關係。每一個地球公民也都應該盡到保護地球的責任，這也就是當前我們應該善待動物、重視自然生態最迫切的習題。

美國的露絲小姐引進可愛的大貓熊蘇琳，卻造成一歲的蘇琳死於急性肺炎，和多國探險家侵入棲息地獵殺牠們；露絲深感內疚數度自殺，最終憂鬱猝死於旅店的浴缸中。如果她的故事能夠帶給我們省思，我們能從中得到教訓，也不枉費《我是大貓熊》書中帶給大家啟發的意義。

以上為團團與圓圓。下面兩張圖是2008年，團團、圓圓來臺灣時，記者採訪葉傑生先生。

「圓仔」萌翻了世界！

圓仔降生，一片歡騰

2013年7月6日，下午8點02分，在億萬人的期盼之中，臺北動物園的大貓熊圓圓生下體重183.4克的圓仔。按統計數據表明，大貓熊幼仔平均體重是100克到150克，最小的只有51克，圓仔顯然是一個胖妞！

這183.4克的小小生命降生，如同引爆了一枚巨型震撼彈，讓歷史倒退30年，把臺灣20多家電視臺「炸回」黑白時代，網路、報章雜誌的版面，嘩啦啦全被圓仔刷新！

不少臺灣觀眾說，兩個多月來，有驚嘆、有眼淚，如同觀看連續劇，劇情起伏跌宕，精采紛呈，太過癮了！

9月25日，在香港舉辦的「第三屆兩岸四地大貓熊保育研討會」上，全體代表聆聽了臺北動物園有關圓仔的學術報告。我在小本子上寫下了感動、震撼、深思6個字。

會上又見到老朋友，臺北動物園貓熊館館長陳玉燕。這位願將全部精力投身動物保育事業的專家，曾給駱駝、長頸鹿當過多年奶媽。她說，長頸鹿生下的幼仔，1個多小時就能直立行走；而做大貓熊的繁殖與保育工作則完全不一樣。由於大貓熊的幼仔只有母體的1/1000，保育工作相對要複雜得多。為此，陳玉燕和她的團隊怎麼樣迎接挑戰？

由於圓仔的降生，感覺到她秀逸的臉上有一股春風盪漾，真是「皇天不負有心人」！

一個個熬成「貓熊眼」的臺灣同行們，不約而同地嘆道：來之不易啊！一聲長嘆，在我心中引起迴響。

大貓熊，這個被譽為地球的「旗艦動物」的珍貴孑遺物種，從800萬年的漫長歲

月走來，來之不易！圓仔的爸爸、媽媽，從5‧12汶川大地震的重災區走來，來之不易！

　　要說圓仔的來之不易，先說團團、圓圓的來之不易吧！

大震後，初見團團、圓圓

　　2008年5‧12汶川大地震後的第7天，我立下「生死狀」，搭上去臥龍的越野車，繞道500多公里，翻越了由工程兵緊急搶通的、蜿蜒於夾金山和巴朗山的303省道，到達臥龍中國大貓熊保護研究中心。在被大震摧毀的核桃坪飼養場，第一次見到了死裡逃生的團團和圓圓。

　　飼養員譚洪彬向我介紹說，你看圓圓簡直嚇慘了。

　　圓圓的目光是呆滯的，牠邁開左前肢走了一步，而右前肢舉起來卻遲遲不敢落下，彷彿一落下地就會再次大震動。譚洪彬親切地喊著：「圓圓、圓圓，過來嘛、過來嘛，吃竹子了！」在熟悉的聲音中，牠才小心翼翼走了幾步。

　　大震竟會給圓圓如此嚴重的心理傷害！

　　原來，團團和圓圓生性活潑，長相俊逸，毛色鮮亮，身體倍棒，是數十萬網民從2004年出生的同齡的亞成體中「選秀」選出來的。牠倆嬉戲打鬧，和和美美，頗有夫妻像，很會享受生活。在牠們的獨棟別墅外，有鞦韆、滑梯，一坡碧草如氈，四季和風送爽，環境十分優美。

　　山崩地裂時，牠倆正在戶外玩耍。隨著沉悶而恐怖的爆裂聲，瞬間天昏地黑，臥牛石如重型坦克猛攻下來，把幸福家園一舉摧毀。在左鄰右舍的驚叫聲中，牠倆雙雙出逃，鑽進滾滾塵土，只留下個空鞦韆在晃蕩。

　　黃昏時，人們沿河尋找，在一片廢墟亂石中，找到了一身泥灰、雙眼迷離的團團。

　　飼養員們嘶啞的喊聲在山谷回蕩：「圓圓！妃妃！毛毛！小小！」4天後的黃昏，圓圓、妃妃被找回來了。幾年來，與圓圓朝夕相處的飼養員徐婭琳竟喜極而泣，大哭一場。

　　由於山體滑坡掩埋了大片竹林，鮮竹一時供應不足，飼養員們在廢墟上臨時搭灶支鍋，蒸「窩窩頭」。由營養師調配的貓熊專用窩窩頭，富含各種養份，是眾貓

們每日必吃的點心。

從寶興緊急搶運的鮮竹到了，圈舍裡響起了一片嚓嚓嚓的咀嚼聲，空氣中彌漫著清香。我注意到，當團團拖著一根竹子，坐下來準備慢慢享用時，圓圓走過來了。團團頗有紳士風度地讓圓圓抓住竹葉豐富的上半段，自個兒咬下半段，小倆口唏嘰唏嘰同嚼一根竹子，吃得真香。

大災大難，劫後餘生，小倆口患難與共，同吃一根竹子──眼前的這一幕讓我看呆了！

聯合國教科文官員柯高浩和柯文夫婦，為大貓熊棲息地申請世界自然遺產做了許多工作。5‧12災後，他們問及貓熊的情況時，我畫了一張團團、圓圓的畫，題款是「老公，這一根竹子的味道真好！」

在臺北，又見團團、圓圓

2008年12月23日，一架從臺北飛來的包機，降落在成都雙流國際機場，在鮮花、彩旗和歡送人群的惜別聲中，團團、圓圓被送上了專機。這一對來自地震重災區的「災民」，成為落戶臺灣的「金卡貴賓」，跨越的不僅是臺灣海峽。

2009年1月24日，陰曆的臘月29日，臺灣地區領導人馬英九、國民黨榮譽主席連戰、臺北市長郝龍斌出席了臺北動物園貓熊館的開館儀式。臺北野生動物保育協會董事長洪文棟講話時竟欷歔哽咽，他說，臺北動物園等待了20年，終於盼到這一天。

我一直關注著團團和圓圓。護送牠們赴臺、並在臺北動物園陪伴了團團、圓圓兩個多月的高級工程師湯純香，臥龍人稱「湯司令」，是在中國大貓熊保護研究中心工作27年的資深專家。他多次對我說，臺北的同行們工作做得相當好，超乎想像地細緻入微。

2011年9月21日，「第二屆兩岸四地大貓熊保育研討會」在臺北動物園開幕，印證了「湯司令」的評價。臺灣大學醫學院一位老教授發表了對「大貓熊」牙齒研究的重要論文，並製作圓圓齒列石膏模型，這是世界首例。如此說來，從未看過牙醫的團團、圓圓，竟經常看牙醫！接著，一篇有關大貓熊消化道主要微生物的研究，更讓與會代表感受到臺灣同行的工作如此「細緻入微」。

開會期間，我混入遊客隊伍，排隊看團團、圓圓，那震後驚惶失措的模樣判若「兩貓」。圓圓趴著，對於我這個遠道而來的「老鄉」全然沒有理會；團團坐在地下，認真地嚼著竹子。孩子們一見到「大貓熊」就興奮難抑，又是呼喚又是狂拍。

陳玉燕介紹說，這兩年多，團團、圓圓完全習慣了臺北的生活，小倆口親親熱熱，小日子過得紅紅火火。只要吃飽了、睡足了，摔跤呀、捉迷藏呀、搶竹筍呀、啃蘋果呀，玩得真開心。特別罕見的精采動作是前滾翻，一滾起來，像一隻大大的花足球，驚得觀眾們哇哇叫好，娃娃們更是樂瘋了！

團團、圓圓的體重也分別從108.2公斤、109.4公斤，長到124.4公斤、120.5公斤，已經從亞成體長成了人見人愛的帥哥、靚妹！

說到吃的，陳玉燕和她的同事可沒有少操心。冬天吃孟宗竹，春夏秋天吃花蓮箭竹或桂竹，還有各式營養餅乾和水果，搭配得非常好。入夜後，我看見團團、圓圓的「別墅」裡有微光在閃爍，不知道那是什麼東東？陳玉燕解釋說，那是滅蚊燈！我心想，真是細心啊，連一隻小蚊子也別想叮咬團團、圓圓。

臺北動物園會後，安排參觀考察，陳玉燕更忙得不可開交。在途中，代表們不時議論起團團、圓圓的婚事，關心起圓圓生仔的事來。但見陳玉燕走過來，都噤聲不語了。

從2009年大年初一，團團、圓圓在臺北動物園亮相，兩年來，已有640萬人湧入貓熊館（超過臺灣總人數的1/4！）。許多觀眾在問同一個問題：「圓圓什麼時候生圓仔？」陳玉燕卻很坦誠地說，我們動物園、貓熊館承載著很大的壓力。

圓仔成長中的風波

前兩年春天，圓圓曾兩度發情，交配後出現假孕現象，把貓熊館的眾同行忽悠得天上地下身心俱疲。3年來，中國大貓熊保護研究中心的副總工程師黃炎11次赴臺北，與同行們安排團團、圓圓的婚事，以及選擇最佳時刻進行人工授精。

當圓圓生下圓仔時，陳玉燕正在機場迎接來自圓圓「娘家」──中國大貓熊保護研究中心的「產婆」魏明。

圓圓終於生仔，正式成為圓媽！讓兩岸的同行都覺得，一塊壓在心上的石頭終於落地，感到無比輕鬆。

但是，且慢！

魏明做接生和育幼工作13年，曾為上百隻貓熊寶寶當保母。他一進貓熊館，扔下行李，換上消毒服便走進產房、趴在地上，仔細觀察圓圓和牠的新生兒的每一個細小動作，沒有發現任何異常現象。6小時之後，心細如髮的魏明發現這個「胖妞」後肢動作不太自然，圓圓舔牠時，叫得特別厲害。憑多年經驗，終於發現圓仔腿部內側有一道約2釐米長的傷口。

這一道傷口，是分娩後，圓圓叼起幼仔時拉下的。說明圓圓還缺乏經驗，還得學習如何當好媽媽！

原來，雌性大貓熊生仔後，並不是個個都是天然母親，也有個別「初產婦」不懂得如何育幼。成都大貓熊繁育研究基地的梅梅，初次產下幼仔時，竟被響亮的哭叫聲嚇昏了，情急中把女兒一抓一扔，縱身爬上鐵欄杆想逃之夭夭。女兒胸部被拉開了血口子，縫了七針，竟奇蹟般地活了下來，被命名為「奇珍」（七針）。後來，梅梅找到了做媽媽的感覺，成為揚名世界的「英雄母親」。她長期旅居日本，生下5胎9仔，存活了7仔。按照常規，大貓熊產下雙胞胎後，都只能哺育一隻，拋棄一隻比較弱小的幼仔。但梅梅卻一個也捨不得扔下，將兩隻幼仔緊抱懷中，交替餵奶，兩個孩子都生長、發育正常。梅梅創造了不靠人工、同時哺育兩仔的世界紀錄。為此，和歌山縣政府還授予牠榮譽勳爵稱號。

煽情的故事開始了：圓圓母女倆必須分開一段時間。

圓媽要盡快地學會當媽媽；剛生下不到一天的圓仔，必須接受傷口縫合手術。在未打麻藥針的情況下，圓仔如何扭動、痛苦地叫喚？那粉紅色的肉肉，皮薄如紙，嫩如豆腐，手術針如何下？如何縫？真是一場驚心動魄的手術。還好，8天之後，傷口癒合良好，讓人鬆了一口氣。

圓仔離開了媽媽，卻一天也離不得初乳。貓熊初乳呈淡綠色，很像菜汁，卻富含小寶貝生存必需的天然抗生素。來自中國保護大貓熊研究中心的董禮，有14年工作經驗，是擠奶高手。他像勇敢的偵察兵，膽大心細，時而匍匐地上、時而靠在圓圓身邊，摸到了圓圓的乳頭——這個圓圓，不像其他貓熊媽媽，不是4個就是6個乳頭，奇特的圓圓有5個乳頭。第一次，董禮累得汗流浹背，擠了10毫升珍貴的初乳。

奶媽魏明的手又細又暖和，他讓奶水慢慢浸入小圓仔唇邊，小舌頭便開始舔起來。初生的小圓仔每次只能喝0.5至1毫升奶。每天要喝6至8次，魏明在臺北工作了51

天，有46天睡在貓熊館。

夜以繼日地守護圓圓母女的陳玉燕，一雙眼睛像不知疲倦的攝影機，時刻注視著圓仔毛色的變化：第3天，眼窩周邊顏色變深；第4天，耳朵顏色變深；第7天，肩胛和前、後肢顏色變深……初生的小耗兒一般的圓仔，一天天顯示出可愛的「貓像」。

成年的大貓熊總給人憨憨、笨笨的印象，牠們的可愛透著一種成熟之美。而未成年的大貓熊，可以說是「超可愛」。圓仔自然而然進入了「超可愛」階段，牠舉手向世界打招呼；牠翹起小腳板睡覺；牠對著鏡頭顯得落落大方；牠摀著臉的害羞表情，都成為臺北動物園的小畫片，萌翻了數萬觀眾。

貓熊幼仔「賣萌」的力量，真是不可低估！

1936年冬天，美國服裝設計師露絲・哈克尼斯將一隻名叫蘇琳的大貓熊幼仔帶到美國。這隻4個月大的幼仔，亮相的首日有5萬3千名觀眾湧入芝加哥動物園。這個歷史紀錄至今尚未打破。美國總統西奧多・羅斯福的兒子小西奧多・羅斯福，曾於1929年，與其弟弟克米特・羅斯福，在四川涼山境內獵殺過一隻成年大貓熊。當看到毛絨絨的蘇琳之後，後悔不已。他說：「如果要把這個小傢伙當做我槍下的紀念品，那我寧可用我的小兒子來代替。」人類因為對大貓熊好奇而獵殺，轉變為保護與珍愛，是從著名的「小西奧多・羅斯福的懺悔」開始。

臺北市長郝龍斌，在圓仔降生後第10天，帶上圓圓愛吃的龍眼蜂蜜來到貓熊館；第50天，再次來到貓熊館，慰問全體工作人員和來自大陸的魏明、董禮。見到超可愛的圓仔，郝市長笑容好燦爛。記者寫道：圓仔萌樣，郝龍斌也招架不住！

母女團聚，感動世界

圓仔被抱走後，圓媽曾煩躁不安地四處尋找。咦，地上有個小傢伙在蠕動，散發出小寶貝尿液的氣味，還發出嗯哪嗯哪的叫聲，嗅覺靈敏的圓圓一口下去，果斷地將小傢伙叼入懷中；

守在電視監控螢幕前的工作人員，禁不住輕聲叫好。

原來，這個矽膠做的玩偶圓仔，以假亂真，矇騙了圓圓，讓牠學習如何叼、如何抱娃娃。隨著圓仔一天天長大，玩偶圓仔也長了毛，通過藍牙，工作人員在圈舍

外控制叫聲，使圓圓不停地變換摟抱姿勢。最令人叫絕的是，玩偶圓仔的腹中，不僅有一隻溫度計測量母體摟抱時的溫度，還有兩枚雞蛋！也就是說，做一個好媽媽，叼幼仔時，咬輕了會讓幼仔滑落；咬重了會傷了幼仔。經反覆試驗，將玩偶圓仔拆開時，腹中的雞蛋都完好無損，說明圓圓叼幼仔的動作輕、重把握得宜，做得非常棒！

臺北動物園的秘書張志華說，我們不敢冒險，我們沒有失敗的本錢，每一步都必須是萬無一失！

分別了31天的圓圓終於要跟女兒見面了。全體工作人員不由得戰戰兢兢，屏住了呼吸，心都提到嗓子眼上了。

陳玉燕用一張小毛巾墊著，抱起體重已達1200克的圓仔，放在獸舍欄杆前。圓仔的氣味和叫聲，早已讓圓媽心慌意亂，在籠中來回踱步。等圓媽走過來，陳玉燕小心將圓仔抱到圓媽面前，那一瞬間，興奮的圓媽幸福地哼叫著，伸出長長的舌頭，隔著欄杆，不停地舔著分別了1個月的愛女。那份癡迷與纏綿，真是感天動地！

經過兩次隔欄相會，母女正式會合了。鐵欄剛提起一半，圓媽便迫不及待彎腰鑽入，一口把愛女叼起，抱入懷中，動作又快又準確。大概圓仔在育幼箱中四肢舒展，或仰或臥自在慣了；在圓媽懷中，是立著睡還是橫著睡？無所適從便叫個不停。圓媽便不斷調整姿勢，折騰了1個多小時，直到圓仔發現了乳頭，呱唧呱唧吃起來，母女倆才安定下來。

現在，圓媽已經全天24小時照料圓仔。保育員們已懂得了圓仔的「貓語」：牠要吃奶了，牠嫌媽媽抱得不舒服，不同的叫聲，表現了不同的內涵。圓媽和圓仔，或頭頂頭或背靠背入睡；或平行躺臥；或母抱女而眠，隨心所欲，從容自在。圓媽還發明了一種睡姿，就是將一隻腿搭在欄杆上，起身時，腳蹬欄杆緩慢挪動身體，避免壓著了懷中的愛女。陳玉燕說，圓圓是個細心、好學的好媽媽，看到牠的進步真讓人高興，什麼疲倦都忘記了。

整個貓熊館的工作人員都在陪著「坐月子」，分分秒秒都有一雙眼睛盯著圓媽和圓仔，生怕在圓媽睏倦之極時，不小心壓著了圓仔。這裡，不容許有絲毫閃失。

從美學意義上說，「大貓熊是野生動物世界中絕無僅有的、貨真價實的瑰寶，非常美麗的、標新立異的、令人驚嘆的動物。」（俄羅斯動物學家梭斯諾夫斯基語）；而從環保和生態平衡這一宏大的目標而言，保護和關愛大貓熊，已成為地球

人的責任。聯想到臥龍、成都兩個大貓熊人工繁育基地的產房，保育員石頭一樣靜靜坐著，記錄下貓熊母、幼的細小動作，從黑夜守到黎明，從炎夏守到新春，從一隻守到一群，從青絲守到白髮；三代人守望著341隻貓熊幼仔長大，為一個瀕危物種的復興守護著希望。

在臺北，因為有陳玉燕和她的同事的愛心守護，圓仔的生命之花，才如此璀璨奪目！

解讀黑、白色，讀懂大貓熊

圓仔回到圓媽懷抱的節目在臺灣播出後，如同催淚彈，讓許多觀眾潸然淚下。美國的CSB、日本的NHK、新加坡的亞視很快轉播；英國每日電訊報、俄羅斯新聞網、韓國報刊等紛紛跟進報導，世界著名的網路影像YouTube觀看人數突破200萬人次。臺灣電視臺又以「黑、白的臺灣動物之光攻占國際媒體」、「圓仔的叫聲響徹國際」為話題，在臺島掀起了更大的「貓熊熱」。

自從圓圓成為圓媽，在臺北動物園秘書張志華面前，記者的各種話筒像巨大的「棒棒糖」，層層包圍、伸向他的嘴邊。他幾乎天天享受「棒棒糖」的鐵桿包圍。那滋味真是一言難盡！

都要獨家新聞、都要頭條新聞、都要有爆炸性的新聞。臺灣有20多家電視臺，有7家24小時滾動播出節目的電視臺，還有網路媒體、報刊雜誌，需要多少內容來填充？連小狗、小貓被陽臺、欄杆卡了脖子，都會成為電視新聞，遑論大貓熊這樣的大明星？只要有圓仔的節目，收視率就會猛增。為此，張志華怎不陷入重圍？

記者們有各種問題，從政治生態到雞毛蒜皮，不斷向張志華「發炮」。好在張志華有個5人小組，絞盡腦汁，挖空心思，每天公布新的內容，比如：圓仔擦澡；給圓仔用的育嬰用品；圓仔如何排便便；圓仔的叫聲；圓仔百變；「誰知瓶中奶，滴滴皆辛苦」……當發現圓仔的三、四手指頭是連在一起時，再對照圓媽也是如此。這個顯著特點來自遺傳，於是又一條新聞對外發布。張志華意識到，觀眾的強烈關注，正是普及科學知識的大好時機。於是，又推出一檔節目，以同是黑、白兩色動物的馬來貘、斑馬等的育幼，與大貓熊進行對照，引出一些有趣的話題。

在香港的「兩岸四地大貓熊保育研討會」上，張志華以「大貓熊圓仔新聞熱點

行銷」為題，做了精采發言。幻燈片的文字，採用了藍色、綠色、黃色、橙色。有何深意？那是臺灣的國民黨、民進黨、新黨和親民黨的顏色。說明黑、白兩色的大貓熊屬於全臺灣，超越政治紛爭，包容一切對立，大貓熊應當獲得所有臺灣人的愛。

真是政治家的智慧，外交家的口才。

其實，憨態可掬的大貓熊，從亞洲大陸退讓到高山竹海，表現了隨遇而安、上善若水的生存智慧，有意無意間實踐了道家的哲學理念。也可以說：大貓熊是滾動的太極圖，太極圖是靜止的大貓熊。

從中國古代典籍記載，我們的祖先已觀察到，大貓熊能咬食金屬，於是被稱為「食鐵獸」，有「化干戈為玉帛」之意。西元685年，武則天曾將兩隻貓熊作為國禮送給日本天皇。此後，「和平義獸」的美名流傳至今。大陸人都記得，1972年，尼克森總統訪問大陸的「破冰之旅」，之後，周恩來代表政府宣布贈送一對大貓熊給美國，使新一輪的「貓熊熱」熱遍世界。其實，在更早一些的1941年，抗戰最艱苦的年代，當時的中國政府把大貓熊「潘達」和「潘弟」，贈送給美國，深得美國人民喜愛。1944年聖誕節前夕，生活在倫敦的大貓熊「明」病逝，《泰晤士報》發表重要文章，表達了英國人的哀悼之情。因為「明」不理會納粹德國的狂轟濫炸，從容鎮定，照樣大吃大喝。英國BBC和美軍曾以「明」為主角，拍攝了鼓舞士氣的宣傳片。「明」被譽為堅定、樂觀的反法西斯戰士。

大貓熊與人類的關係史，有著深刻的人文內涵。

也是會上，香港代表發表了一份調查報告，報告指出，90%的香港人對大陸贈送的大貓熊表示歡迎。臺灣雖沒有做過類似的統計，但臺灣民眾對「圓仔」的關愛已說明了一切。

當我零星看到臺灣電視臺做的有關貓熊的話題節目時，深為海峽彼岸的「貓熊熱」感動。同時，也為一些名嘴的失誤略感遺憾。比如，為了渲染大貓熊的神祕，說「只有四川產貓熊，四川是中國最詭異的地方」（實際上還有陝西和甘肅兩省產貓熊）。四川那些有貓熊的山，被稱為「陸上百慕達」，「十有九人出不來，還有一個掉了魂」，並舉瓦屋山的迷魂凼為例，說一走進去，手表、指南針失靈。其實，即將結束的全國第四次大貓熊調查，歷時近3年，調查隊員走遍了貓熊產區的山山水水，從來沒遇到過手表失靈和掉了魂的情況。這些誤會很有趣，說明海峽兩岸

的交流多麼重要。

2013年10月16日，圓仔滿一百天了。團團、圓圓，是許許多多家庭共同的願景。圓媽、圓仔的故事將產生衝擊波，不斷向亞洲、向全世界擴展。

2007年8月27日，我曾陪好萊塢金牌編劇、英國科幻大師尼爾·蓋曼先生去成都大貓熊繁育研究基地。當他被允許抱貓熊幼仔照相時，欣喜若狂。那感覺勝過榮獲10次「星雲獎」和「雨果獎」。他在感言中寫道：如果每個月人們都能去與大貓熊親密接觸，我猜想世界和平與融合將於1週內實現。

這是尼爾·蓋曼對大貓熊的解讀。

目錄

推薦序 建立動物平權，維護自然生態　葉傑生 003

作者序 「圓仔」萌翻了世界！005

序章 媽媽充滿慈愛的眼睛 018

1 動物世界的頭號明星

初識自己容貌 025

好奇心竟引來獵殺 028

懺悔、覺醒、轉折 031

「明」，讓人類明白⋯⋯033

成為藍色星球上的一面旗幟 038

寶寶貝貝大貓熊物語　「跨國婚姻」和「大貓熊間諜案」040

將和平、友誼、歡樂帶給全世界 041

成為明星 044

全世界有多少粉絲？048

寶寶貝貝大貓熊物語　粉絲小故事之一、二、三、四 049

2 從 800 萬年前的「始貓熊」說起

「華籍歐裔」還是「華籍華裔」？051

懷念古老家園祿豐 054

挺過第四紀冰期 056

寶寶貝貝大貓熊物語　第四紀冰期的大貓熊 059

為什麼被叫做「活化石」？060

屬於動物學分類的哪一科？062

中國典籍中閃現的蹤跡 064

大衛神父的驚世發現 067

寶寶貝貝大貓熊物語　鄧池溝大教堂與大衛神父 068

遲到了 140 年的「大貓熊身分證明書」069

3 揭開「竹林隱士」之謎

「間諜」暴露竹林隱士的祕密 071

在「獨立王國」裡日夜流浪 074

換頸圈的故事 077

大肚皮吃掉一鍋飯 081

在「大自然的餐廳」裡 085

竹林隱士原是「酒肉和尚」088

隱士與人類交上朋友 090

寶寶貝貝大貓熊物語　有趣的問題

・我有一副「墨鏡」，視力如何？ 099

4 浪漫的婚配，辛苦的媽媽

報春花盛開的季節 101

「春妞阿姨」招親 103

亂點鴛鴦譜釀鬧劇 109

肉紅色小老鼠 114

寶寶貝貝大貓熊物語　「51（克）」的感動故事 116

憤怒的「珍珍」和溫柔的「嬌嬌」118

學會看家本領 121

5 從「家園」回歸故鄉

生活在大貓熊的家園 129

自然保護區仍然不夠 134

人工圈養大貓熊 140

寶寶貝貝大貓熊物語 遷地保護成功的典範 146

攻克「三難」148

奶媽的懷抱，人類的乳汁 154

野放，從「祥祥」犧牲開始 159

寶寶貝貝大貓熊物語 有趣的問題 165

．我們有哪些天敵？ 165

．誰跟我們爭搶食物？ 165

．森林裡是不是有吸血鬼？ 165

6 大貓熊的保護神

汶川、北川、青川 167

「團團」、「圓圓」、「茜茜公主」170

復甦與重建 181

四姑娘山與保護神 183

媽媽充滿慈愛的眼睛

樹洞外，正淅淅瀝瀝地下著秋雨，大森林一片漆黑，我吃飽了、喝足了，在媽媽的懷抱裡溫暖又安全。

可是，媽媽一刻也沒有休息，她
用身體擋住從樹洞口颮來的寒風，不
斷舔著我的身體。黑暗中，有兩個亮
晶晶的東西，那是什麼？
　　噢，那是媽媽充滿慈愛的眼睛！

媽媽已經不吃、不喝二十多天了，一直把我抱在懷中，不時看看我，彷彿在說：「我的寶貝啊！」

媽媽的目光很疲憊，隨時都想合眼。但，母愛的力量使她的眼睛強睜著、堅持著。

媽媽的眼光很憂鬱，就像我長大之後看到的冬夜星空。那北極星的光芒——冷峻而又遙遠！

長大之後我才漸漸明白，媽媽憂鬱的目光中，承載著我們家族800萬年漫長的歷史！蘊含著對地球的現狀與未來深深的疑慮！

800萬年中，經歷多少災難與痛苦，憑著多少代大貓熊媽媽的堅韌，我們才走到今天！

我們家族從 800 萬年前走來，
帶來太多的祕密：

為什麼我們被稱為動物世界的
「旗艦動物」？

為什麼我們幼仔這麼小，只有
150 克，相當於媽媽體重的 1/1000？

為什麼我們不喝上菜汁那樣的
綠色奶水，就活不長？

為什麼說我們是「活化石」？

為什麼叫我們「竹林隱士」？

為什麼？為什麼？……

1

動物世界的頭號明星

初識自己容貌

親愛的朋友，你們好！我是大貓熊妮妮。

我的臉形圓圓胖胖，像不像戴墨鏡的胖娃娃？我有點笨拙，走起路來屁股一扭一扭的，有點搞笑。我常常納悶，為什麼我們大貓熊都生得黑、白相間？

媽媽說：黑和白，冷與暖，兩種顏色非常協調地成為我們皮毛的顏色，華麗又素雅，高貴而脫俗，這在動物世界裡是罕有的。

我的吻部比較短，這可是深得人心的法寶。吻部長的動物，如鱷魚、吻部突出的猩猩，不僅沒有美感，而且給人可怕的感覺。

媽媽說，正因為我們太與眾不同了，所以曾招來災禍。

好奇心竟引來獵殺

　　西元1870年，巴黎自然博物館展出一張由法國傳教士阿爾芒德‧大衛，在中國西部四川寶興縣鄧池溝蒐集到的貓熊皮，引起了轟動。有觀眾不相信我們的存在，猜問這張皮是不是用黑、白兩種獸皮縫合在一起的？更多觀眾驚嘆，世界上竟然有這樣奇特的動物！

　　我們在世界亮相，受到了歡迎，也刺激了西方探險家的好奇心。俄國人、英國人、德國人先後來到我們的家鄉，他們競相蒐集大貓熊皮，淒厲的槍聲，劃破大森林的寂靜與安寧。

（圖片選自成都大熊貓博物館）

029

據我所知，1869～1946年間，先後有200多名外國「探險家」來到中國調查、蒐集資料，捕捉、獵殺大貓熊或購買大貓熊標本。僅在1936至1946年的10年間，從中國運出的活體大貓熊就有16隻。另外，至少有70具大貓熊標本存放在外國博物館裡。

多麼瘋狂的獵殺！我蜷縮在媽媽懷裡，也不禁有些害怕。為了滿足人類的好奇心，我的家族付出多麼沉重的代價！

（圖片選自成都大熊貓博物館）

懺悔、覺醒、轉折

1936年11月，美國服裝設計師露絲·哈克尼斯，在汶川得到一隻可愛的大貓熊幼仔，取名「蘇琳」。她只花了2美元，就將蘇琳帶出中國，乘船渡過太平洋。而讓海關官員高抬貴手的申報單上，僅僅寫著──「一隻哈巴狗」。

1937年1月的一天，紐約市像歡迎國家元首一樣，歡迎露絲和她懷中的蘇琳。當時的蘇琳不過3、4個月大，像一隻絨球，是一生中最逗人喜愛的時期。

很多政客和富商前來捧場，其中有美國總統西奧多·羅斯福的兩個兒子──小西奧多·羅斯福上校和柯密特·羅斯福。面對如此可愛的蘇琳，上校感

嘆說：「如果要把這個小傢伙當做我槍下的紀念品，那麼，我寧可用我的小兒子來代替。」

1938年4月1日，在芝加哥公園，不到1歲的蘇琳死於急性肺炎。露絲無法接受這個嚴酷的事實。而蘇琳引發的「大貓熊熱」，讓更多的探險家向大貓熊舉起了獵槍。對此，她深感內疚。1947年7月20日，46歲的露絲，死於匹茲堡的一家旅店浴缸內。誰也說不清，她的死是不是對愧疚之情的一種解脫。

露絲的故事拍成了電影《女人與熊貓》，引起了一些人的反思──人類的好奇心會帶來什麼？

「明」，讓人類明白……

I'm Panda 我是大貓熊

媽媽說，人類最偉大之處，不是不犯錯誤，而是能夠反思、懺悔，以行動改正錯誤。近幾十年來，我們家族從瀕危開始走向復興的經歷，可以證明這一點。

　　1944年聖誕節，第二次世界大戰接近尾
聲。在英國人民即將歡慶勝利之時，倫敦動
物園沉痛宣布，與英國人民患難與共的大貓
熊明，溘然長逝。《泰晤士報》特別發表了
重要文章，表達英國人民的悼念之情。

　　原來，在納粹德國空襲倫敦的日子裡，
不時響起的警報聲，震耳欲聾的爆炸聲，沒
有嚇壞明。牠照樣吃、喝、睡覺，一副樂天
派的模樣。英國廣播公司（BBC）和美國的
軍方媒體，都曾經特別以明為主角，拍攝反
納粹的專題片，並不斷報導「英國民眾的士
氣依舊高昂」。不少英國公民認為，明就是
一位堅定而樂觀的反法西斯戰士。

，讓人類明白，
人類需要大貓熊這樣的忠誠朋友。

成為藍色星球上的一面旗幟

原來，我們是人類的忠誠朋友！我高興地打了幾個滾。

1961年，我們正式成為世界明星。

那一年，人類社會處於冷戰，東方和西方尖銳對立著。

那一年，世界自然基金會（WWF）成立了。經過全世界動物學家和動物保護主義者一致同意，選用英國爵士、著名藝術家斯科特設計的大貓熊圖案，作為會旗和會徽。

有評論家說：如果外星人來到地球，可以看到兩面旗幟：一面是管人類社會的聯合國會旗；一面是管所有野生動、植物的WWF的大貓熊旗。

大貓熊旗升起在藍色星球上——我們跨越國家、民族的界限和意識形態紛爭，屬於全人類，成為人類挽救瀕危物種、保護地球自然環境的象徵。我真為我們光榮的家族自豪！

寶寶貝貝大貓熊物語

「跨國婚姻」和「大貓熊間諜案」

WWF成立之後，英國和前蘇聯，兩個意識形態尖銳對立的國家，經過長達5年之久的談判後，雌性大貓熊「姬姬」，終於乘坐英國皇家空軍專機飛往莫斯科，與莫斯科動物園的雄性大貓熊「安安」進行婚配。結果牠倆都非常反感對方，一見面就大打出手。後來，前蘇聯國家安全局（KGB）又設陷阱，誘惑護送姬姬的英國動物學家莫里斯，險些釀成大貓熊間諜案。事態之所以沒有惡化，全在於前蘇聯和英國雙方都很克制，非常希望這一場舉世矚目的跨國婚姻有個美好結果——是大貓熊使他們放棄紛爭，走向合作。

1972年，14歲的老處女姬姬在倫敦病逝。斯科特爵士以姬姬形象設計的WWF會旗，在全世界飄揚。

將和平、友誼、歡樂帶給全世界

　　親愛的朋友，你們知道嗎？我們先輩的聲譽可以追溯到西元685年。中國第一位女皇武則天，將一對被稱作「白熊」的大貓熊，贈送給日本的神武天皇。這是我們光榮的祖輩第一次飄洋過海，以和平使者身分走出國門。

1972年2月，美國總統尼克森訪問中國大陸，成為轟動全球的特大新聞。在尼克森總統舉行的告別宴會上，中國總理周恩來宣布，將一對大貓熊作為國禮贈送給美國人民。1972年，「興興」和「玲玲」去了美國，那一年被稱為「大貓熊之年」。

緊跟其後，「蘭蘭」和「康康」去日本（1972）；「燕燕」和「黎黎」去法國（1973）；「天天」和「寶寶」去聯邦德國（1974）；「佳佳」和「晶晶」去英國（1974）……

我們所到之處，受到熱烈歡迎和高規格接待。

日本航空自衛隊戰鬥機起飛，為「蘭蘭」和「康康」的專機護航。

在加拿大多倫多，警車開道，數萬市民夾道歡迎，如迎接國家元首般歡迎大貓熊到訪；團團、圓圓落戶臺北，兩年多，竟有640萬人排隊觀賞；日本和歌山動物園，數萬民眾淚飛如雨，送中、日友好合作的結晶——大貓熊雄浜回中國。

我們走向哪裡，就把和平、友誼、歡樂帶到哪裡。

成為明星

冬天的時候，當大森林被雪花銀裝素裹，我最喜歡像飛一樣，從高高的雪坡飛向谷底，揚起一片雪粉。

記得2008年北京奧運會挑選吉祥物，動物大PK（對決）。有人說我們不喜歡運動，其實我們會爬山、舉重、滑雪，還會在平衡木上行走，最後當之無愧，成為奧運會的吉祥物。這幾年，我們的形象通過玩具、郵票、繪畫、藝術表演，也讓越來越多人痴迷。

I'm panda 我是大貓熊

電影《功夫熊貓》阿寶原型

電影《功夫熊貓1》和《功夫熊貓2》，憑藉貪吃、好玩、活潑、開朗，又富於正義感的阿寶形象轟動世界。你們知道嗎？好萊塢的編導在《功夫熊貓1》譽滿全球之後，來到成都大貓熊繁育研究基地。他們見到一隻孔雀在獸舍中徜徉，令酣睡醒來的「阿寶」大為不快，便扭動著肥肥的身軀驅逐孔雀。一個動作，激發了編導的靈感。《功夫熊貓2》正是正義的阿寶與邪惡的孔雀鬥法的故事。

還有日本的卡通電影《熊貓物語》，中、日合拍的電影《熊貓回家路》，中國香港與內地合拍的電影《大熊貓傳奇》，以及中國中央電視臺（CCTV）、日本放送協會（NHK）、英國BBC拍攝的專題片，讓我們成為影視「紅人」。

環視全球，在動物世界裡，我們真的是頭號明星呢！

全世界有多少粉絲？

　　媽媽說：「妮妮，有個詞兒叫FAN——『粉絲』。是對某個偶像、某一種活動痴迷的群體。而我們大貓熊的粉絲有多少呢？」

　　2010年，中國四川省成都，舉行了一次向全世界招募「大熊貓守護使」的活動。如大海漲潮，8,500,000人同時登陸同一網站，60,000報名人員中選出60名，最後評選出阿里（瑞典）、艾希麗（美國）、大衛（法國）、黃西（中國大陸）、王郁文（中華民國臺灣）、梶原裕美子（日本），6名大貓熊全球守護使。

　　妮妮，你知道嗎？全世界的大貓熊粉絲有多少？數以10億計吧！

　　哇，10億，真是個天文數字啊！

粉絲小故事之一

世界銀行行長佐立克，在他任美國常務副國務卿時，專程到成都大貓熊繁育研究基地看大貓熊，竟被一隻可愛的幼仔親吻。這親密一吻，成為全世界上萬家報紙的重要新聞照片。記者評述說：一輩子都緊繃著臉的佐立克，那一瞬間笑得多開心！

粉絲小故事之二

國際著名影星成龍，他認養了「成成」和「龍龍」一對大貓熊。在新聞發布會上，他興奮地把100,000元人民幣的認養經費加了一個「0」，變成了1,000,000元人民幣！

粉絲小故事之三

馬德里動物園的「花嘴巴」生了雙胞胎，西班牙皇后蘇菲亞兩次來到動物園探望，還親自給小寶寶餵奶。皇后成為「大貓熊奶媽」，把人類之愛傾注於動物世界。

粉絲小故事之四

英國老人大衛‧特納，一個癌症患者。他是一個超級動物迷，在與病魔鬥爭時，就夢想親眼看看我們。在朋友的幫助下，他來到成都，與一群幼仔親密接觸，度過人生中最快樂、最幸福的一天。

寶寶貝貝大貓熊物語

我是 I'm Panda 大貓熊

2

從 800 萬年前的
「始貓熊」說起

「華籍歐裔」還是「華籍華裔」？

　　媽媽說：「1942年，在匈牙利的一塊沼澤地，憑著出土的牙齒化石，科學家克瑞特發現距今700萬年的『葛氏郊貓熊』，被認為是我們的老祖宗。我們在填寫籍貫時，一直填的是華籍歐裔種。」

　　我納悶了：「如果700萬年前，我們的老祖宗曾經生活在匈牙利，為什麼歐洲大陸後來就難覓我們的蹤影了呢？」

媽媽說：「妮妮，你問得好。」1980年，中國科學家在中國雲南省祿豐縣，發現了距今800萬年、與葛氏郊貓熊有許多共同之處的牙齒化石，牙齒化石上還有更古老的「迪氏祖熊」的特點。

他們研究的結論是，葛氏郊貓熊，是大貓熊類的一個滅絕的旁支；而祿豐始貓熊，是迪氏祖熊向大貓熊進化的中間環節。從祿豐始貓熊開始，不斷繁衍後代，以致於到了60萬年前，北起北京周口店，南至現在的緬甸、越南，廣闊的東亞大陸都是我們的家園。所以，祿豐始貓熊才是我們的老祖宗。

這樣，我們在填寫籍貫時，改填為華籍華裔種。

　　2012年5月，在歐洲西班牙發現一具疑似大貓熊近親的史前動物化石。據稱其生活在1,100萬年前，可能是中國大貓熊的近親。如果進一步得到證實，我們又可能變回華籍歐裔──如此變來變去，我們還是我們，我永遠是太陽系中藍色星球的公民。

懷念古老家園祿豐

　　媽媽感嘆道：「我們地球一直在變化著。」
800萬年前，氣候溫暖多雨，與青藏高原毗鄰的雲
貴地區，森林繁茂，湖泊星羅棋布，常綠闊葉喬
木和灌木叢形成天然屏障，是祿豐古猿和我們的
老祖宗始貓熊最好的棲息地。

　　我們的祿豐老祖宗個頭矮小，只比犬科動物
稍大一些。

　　科學家從祿豐古猿和始貓熊化石層，提取的
大量孢粉顯示，這個古植物組中還沒有發現竹
子。這可能是當時竹子太少的原因，這與始貓熊
牙齒僅具備食竹的笏型結構相吻合。

　　中國科學院黃萬波教授，花了大量精力，終於把我們老祖宗的來龍去脈弄清楚：隨著生態環境和生物鏈的改變，老祖宗食竹的習性與物種繁衍，出現了同步的發展。即從雜食（祖熊）、雜食間食竹（始貓熊）、食竹間雜食（小種大貓熊）、以竹為主（巴氏大貓熊至現生大貓熊）的演化過程。

　　古老的家園，已經沉沒於800萬年漫長的歷史長河。我們深深懷念著祿豐──那片豐饒的土地。

地圖圖例：
- ● 更新世上期化石
- ● 更新世中晚期化石
- △ 現代分布
- --- 黃河長江低地邊緣

北京
黃河
西安
長江
成都
中國
昆明
緬甸
廣州

0　400
km

挺過第四紀冰期

　　媽媽繼續講道：「距今約60萬年前的更新世中期，我們曾是東亞大陸的「旺族」。那時，人類渾身長著毛，還沒有完全長出人的模樣呢。」

　　那時，稱霸東亞大陸的是兇猛無比的劍齒虎、劍齒象。牠們橫行霸道，那長劍一般的利齒，讓動物紛紛逃避。

　　後來，第四紀冰期來臨，30%的大地都被冰雪覆蓋。天氣越來越冷，許多動、植物都被凍死了，連威武、雄壯的劍齒象和劍齒虎也滅絕了。

　　靜悄悄地又是轟轟烈烈地，近幾十萬年以來，喜馬拉雅山不斷「長高」，整個青藏高原隆起。

　　氣候和地質的變化，使得東亞大陸的動物世界發生大遷徙：猩猩和中國貘退向南，現在生活在馬來半島和南洋群島；鬣狗遷到亞洲沙漠；小貓熊、扭角羚、白唇鹿向東遷移⋯⋯

　　而我們的祖先呢？他們固守家鄉，
得天獨厚地生存在高山深谷，避免了冰
川的襲擊，在竹林茂密、山泉暢流的樂
土上，一代又一代地生活下來。

　　**人類稱讚我們是「從第四
紀冰期走過來的勇士」。**

寶寶貝貝大貓熊物語

第四紀冰期的大貓熊

第四紀更新世,是氣候寒冷、冰川廣泛發育的地質時期,有以10萬年為週期的冰期、間冰期的環境轉換。大約於260萬年前開始,於1～2萬年前結束。

為什麼被叫做「活化石」？

媽媽說，我們又被人類稱做活化石。因為與我們同時代的那些旺族紛紛倒下，變成了化石；而我們卻活了下來，所以被叫做活化石。

科學家秤一秤我們的骨架，哎喲，怎麼那麼沉重呢？

那骨頭，不像現代生活在地球上的那些豺狼、黑熊呀骨頭比較「空」。我們的骨頭幾乎是「實心」的，所以相當沉重。

量一量我的腦容量只有310～320毫升，黑熊跟我個頭差不多，腦容量卻比我大60毫升！

與90萬年前的頭骨化石相比，我的頭骨幾乎沒有什麼變化。骨架重、腦容量小，全都是古老動物的特點，說明我的進化程度很低。

人類叫我們活化石，說明我們是古老的、特別珍貴的動物。

屬於動物學分類的哪一科？

　　小貓熊又稱為紅貓熊，因為
尾巴上有9條環紋，又稱為「九節
狼」。一百多年前，按科學家分
類，把牠們定為哺乳綱，食肉目，
浣熊科。後來，讓我們與浣熊、小
貓熊同坐在「浣熊科」的長椅子
上，算是同一科。

　　後來，又有動物學家通過超顯
微分析，確認我們與熊類有同一個
老祖宗——祖熊。儘管如此，讓我
們坐在熊已入座的雙人椅上，也不
舒服。因為漫長的數百萬年間，我
們大貓熊與熊在形態上和行為上差
異很大。

　　還有的動物學家認為，我們應
屬單獨的「貓熊科」。

中國典籍中閃現的蹤跡

　　媽媽說，在中國古代典籍和民間傳說中，我曾被叫做貔、貔貅、貘、白狐、貊、白豹、食鐵獸、騶虞、花熊、白熊、人熊等，有幾十個名字。

　　2,700多年前的中國地理書《山海經》，對我們外形和產地的描述還算準確：「似熊，黑白獸，食銅鐵，產於邛崍山嚴道梁（體似熊，毛色黑白，吃銅、鐵，產於現今四川滎經縣）。」

　　又傳，大禹治水成功，龍州（今四川省平武縣）人民向他獻上貔貅，以報恩德。

　　漢代大辭賦家司馬相如，在描繪漢代皇家園林〈上林賦〉中寫到「貘」；唐代大詩人白居易得到一個畫有「食鐵獸」貘的屏風，十分高興，寫了一首詩〈貘屏贊〉。有專家認為貘就是大貓熊。如果真是如此，要感謝兩位大文豪將我寫進文學作品裡。

在距今1,700多年的西晉，人們叫我「騶虞」。人們只知道我愛吃竹子，不獵食其他動物，不傷生，簡直是「義獸」，就將我當作和平的象徵。兩軍交戰殺得天昏地暗、日月無光，有一方舉起「騶虞旗」表示要和平，激烈的戰爭就停下來了。

有趣的是，據《峨眉山志》記載，我們生活在這座佛教名山的夥伴，經常與和尚打交道，由於我們「吃素」、「不殺生」，發出「訇訇」的聲音，像「唸經」，和尚認為我們是佛門「善獸」。

在距今2,000多年的西漢薄太后墓地的陪葬品中，有許多太后生前喜愛的珍禽異獸遺骨，其中就有我們祖先的遺骨。

史書還記載了唐太宗用「貘皮」做為獎品，在丹霄殿獎賞功臣。在中國古代，我們就被當做珍貴的動物，當做勇猛、正義、和平的象徵。

大衛神父的驚世發現

我問媽媽，在中國古代，我們有那麼多好聽的名字，為什麼後來又改名為大貓熊呢？

媽媽說，但這種描述和命名，是無法讓世界認可的，因為它不符合現代生物學按界、門、綱、目、科、屬、種嚴格分類的命名法。

1869年3月，到中國來採集動、植物標本的法國神父阿爾芒・戴維，在穆坪（現四川寶興縣）鄧池溝教堂住下。他在一位姓李的人家看到一張「黑白熊皮」，驚嘆不已：造物主太偉大了！世界上還有如此奇妙的動物啊！他雖然在3月11日看到了大貓熊皮，但由於沒有看到活體，還不敢貿然下結論。直到4月1日，他看到了活體大貓熊，才確認，這是他從未見到過的一個新物種。

後來，他向獵戶買下了這張皮，送到法國巴黎自然博物館公開展覽，引起轟動。經過巴黎自然博物館館長、博物學家米・愛德華茲，對大衛提供的資料進行鑒定，肯定地是從來沒有被發現過的新物種。牠與小貓熊（Lesster Panda）有許多相似之處，被命名為Giant Panda。即，中文名大貓熊。

所以，1869年4月1日，被定為科學發現大貓熊的一天。

大衛神父將我們推向世界。如今，巴黎自然博物館還珍藏著那張1869年的大貓熊皮。

從1869年開始，我們家族的名字大貓熊——Giant Panda傳遍世界，掀起席捲全球的「大貓熊熱」。

寶寶貝貝大貓熊物語

鄧池溝大教堂與大衛神父

　　鄧池溝大教堂修建於1839年，占地3,000平方公尺，地處海拔1,765公尺的山頂上，中西合璧，氣勢恢宏，用料精良，做工考究，是四川省重點保護文物單位。2003年，梵蒂岡教皇的特使、紅衣大主教羅傑·艾切卡雷來此參觀後說，保留得如此完好的全木質結構的大教堂，十分罕見。

　　因為大衛在鄧池溝大教堂發現了大貓熊，美國動物學家喬治·夏勒博士在《最後的貓熊》一書中，稱鄧池溝大教堂是「大貓熊聖殿」。

　　大衛神父是一位傑出的博物學家，1862年，出生於法國西部比利牛斯省。青年時代入教會學校，曾在義大利學習10年博物學。之後，被教會派往中國，前、後在中國生活十餘年，發現了大貓熊、金絲猴、麋鹿、珙桐樹等189個新物種。

　　中國人稱為「四不像」的麋鹿，在西方又稱為「大衛鹿」，也是大衛在北京南苑的中國皇家動物園發現的。

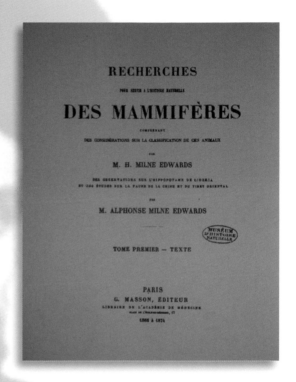

RECHERCHES

POUR SERVIR A L'HISTOIRE NATURELLE

DES MAMMIFÈRES

COMPRENANT

DES CONSIDÉRATIONS SUR LA CLASSIFICATION DE CES ANIMAUX

PAR

M. H. MILNE EDWARDS

DES OBSERVATIONS SUR L'HIPPOPOTAME DE LIBERIA
ET DES ÉTUDES SUR LA FAUNE DE LA CHINE ET DU TIBET ORIENTAL

PAR

M. ALPHONSE MILNE EDWARDS

TOME PREMIER — TEXTE

PARIS
G. MASSON, ÉDITEUR
LIBRAIRE DE L'ACADÉMIE DE MÉDECINE
PLACE DE L'ÉCOLE-DE-MÉDECINE, 17
1868 à 1874

遲到了 140 年的「大貓熊身分證明書」

　　大衛給巴黎自然博物館大貓熊新物種的報告，和愛德華茲館長長達27頁的對大貓熊標本的鑒定書，曾發表在該館的學報上，一塵封便是140年！當代中、外科學家從未讀到過全文。

　　2009年2月，聯合國教科文組織的專家柯高浩和柯文夫婦，將他們從浩如煙海的巴黎自然博物館資料庫中找到的這兩份大貓熊身分證明書複製後，親自送到雅安市寶興縣鄧池溝大教堂。

I'm panda
我是大貓熊

3

揭開「竹林隱士」之謎

「間諜」暴露竹林隱士的祕密

　　我的聽覺和嗅覺極靈，哪怕是聽到我呼哧呼哧的呼吸聲，當人或動物要接近時，我會很快「迴避」，無法看見我的「尊容」。

　　媽媽說：「由於極難找到我們的蹤跡，科學家給我們起了個『竹林隱士』的雅號。」

這時，我看見一團白花花的東西隱藏在冷杉樹上。仔細瞧瞧，那是一隻酣睡的大貓熊。媽媽瞄了牠一眼說，妮妮，你看好了，那是個「間諜」──我們生活的祕密，全被牠洩露了。

媽媽說：「你看牠的脖頸上戴著『頸圈』，那可不是什麼裝飾品，那是一臺微型無線電發報機！」

1981年3月，大貓熊專家胡錦矗教授、朱靖教授、潘文石教授，和世界自然基金會的動物專家喬治‧夏勒博士，以及其他中、外專家通力合作，在臥龍的「大貓熊野外觀察站」附近，先後逮住了「龍龍」、「珍珍」、「寧寧」三隻大貓熊，給牠們戴上配有微型無線電發報機的頸圈。以後，又有十餘個夥伴被科學家戴上頸圈後，放歸山林。從此，科學家天天收到牠們的電報，竹林隱士的祕密便被一步步揭開了。

在「獨立王國」裡日夜流浪

　　媽媽繼續講間諜的故事。

　　啵，啵，啵，科學家舉起天線，就能判斷出間諜的方位，知道牠是在走路、還是在休息。一天24小時，分分秒秒，憑電波的變化就知道牠在做什麼，從而將我們的隱私暴露無遺。

　　科學家發現我們喜歡孤獨。

　　我們不習慣相互「訪問」，更不「串門」。每隻成年大貓熊都有自己的地盤，動物學稱為「巢域」。

　　我們在自己巢域邊緣的樹幹上、石頭上擦屁股，留下肛門腺液體的氣味作記號，告訴鄰近的夥伴：請不要侵犯別人的巢域。

　　實際上，我們的雄性公民的「王國」約6～7平方公里，一個月之中，僅在一部分地區活動。時間一長，那些「記號」就失效了，所以雄性公民的王國常常相互重疊。而雌性公民的王國僅有4～5平方公里，活動也幾乎是集中在某一個區域。

I'm panda 我是大貓熊

由於我們的腸子短，加上囫圇吞棗似地吃竹子，身體得到的營養少。為滿足身體的需要，即使在寒冬，我們也沒有冬眠的習慣。一年四季，從白天到夜晚，都得滿山遍野找食物吃。

不論性別和老、幼，我們每天約14小時以上的時間都在活動；到了春天竹筍出土時，我們日、夜活動的時間約20小時。為了吃，我們到處流浪。

換頸圈的故事

　　我想，那些戴著頸圈的夥伴感覺如何？戴頸圈肯定不舒服吧！無線電發報機要耗電，兩年後，要重新捕捉間諜；麻醉後，更換頸圈電池。還有的亞成體因為個子在長大，項圈的大小就需要調整，所以要換頸圈。

「雪雪」是一隻生活在青川唐家河的少年大貓熊，聰明又調皮。由於牠長得快，脖子上的頸圈該換大一號的了，否則會影響牠的呼吸。

憑著無線電信號的指引，胡錦矗教授和夏勒博士率隊追蹤牠整整3天。終於找到牠了。牠正躺在雪地裡睡大覺呢！

　　胡教授和夏勒博士，分別率隊從南、北兩個方向接近雪雪。

　　正值耶誕節前夕，他們都認為順利地給雪雪換頸圈，是耶誕節最好的禮物。

　　當夏勒博士舉起麻醉槍時，突然猶豫了。

　　雪雪蜷縮成一團，像一隻花皮球，可愛極了。小肚皮一起一伏，完全暴露在槍口下。

　　胡教授一下子明白了夏勒博士為什麼會猶豫？因為雪雪睡在懸崖邊上，麻醉槍一射擊，如果牠受到驚嚇，滾下懸崖，後果不堪設想。

　　就這樣3天的跟蹤結束了。雖
說他們趴在雪地上，羽絨衣凍成冰
甲，個個鼻子通紅，卻滿心歡喜。

　　耶誕節之夜，大家頻頻舉杯，
不是為了「成功」，而是為了「放
棄」，為了「美麗的放棄」。

　　胡教授和夏勒博士對我們家族
的摯愛，蘊含著人類可貴的理性！

大肚皮吃掉一鍋飯

　　媽媽說，其實，我們對自身是不完全了解的。

　　經過科學家研究才發現，我們體內這一套消化系統是與肉食動物「配套」的。量一量，鹿的腸子是體長的25倍；我們的腸子僅僅是體長的4倍多。比一比，牛、羊的胃很複雜，既可以反芻、又可以發酵，還能在微生物的幫助下消化纖維。而我的一套消化系統，若要消化纖維很多的竹類是困難的。

我們食用的竹類，纖維素、木質素居多，營養成分很少，只能採取多吃、快拉的辦法滿足身體的需求。

我們在自己的王國裡一邊走一邊吃，坐著吃、躺著吃，不停地吃、吃、吃。睏倦了就睡一會兒，吃和睡都沒有固定的地方。

哪一種動物像我們這樣，一天中至少有十幾個小時在覓食！

科學家統計，一隻成年大貓熊每天光竹葉就能吃10公斤，光嫩竹桿能吃15公斤，光嫩竹筍能吃40公斤！別擔心我們會撐破肚皮，食物在我的腸胃裡停留時間很短，我們吃得多、拉得快、拉得多，有時一天要拉100多團糞便呢！

（臥龍大貓熊保護基地供圖）

082

接著，媽媽講了個大肚皮吃掉一鍋飯的故事。

媽媽說，「貔貔」生活在臥龍，是一隻戴著無線電頸圈的成年大貓熊。

1985年3月，一個雪晴之夜，月亮將冷冷的銀光灑遍山野。因為雪壓、冰凍，竹葉、竹枝都硬邦邦的，吃起來真費勁。

冷杉林裡，有一頂在離地3公尺多高的木架上支起的帳篷，那就是科學家的野外觀察點。觀察點裡，小夥子張和民耳機裡的信號聲越來越強烈，表明貔貔離觀察點越來越近了。貔貔來幹什麼？真讓人有些緊張。

　　隨著箭竹林裡窸窸窣窣的聲響，貔貅大搖大擺走了過來，還沒等張和民弄明白牠的來意，貔貅已經將帳篷下的飯鍋叼走了，一屁股坐在冷杉樹下，風捲殘雲般地把一鍋米飯吃了個精光。

　　真是驚人的大肚皮！貔貅一口氣吃掉了張和民和他同伴3天的飯，逼得他倆靠幾塊餅乾熬過一生中最飢寒的3天。

在「大自然的餐廳」裡

我現在不滿一歲，已經能吃一些竹葉了。聽媽媽說，我們有著驚人的大肚皮，不由得擔心起來，我們會不會吃光竹子了？

媽媽說：「妮妮，你的擔心很有道理。」

要是能登上海拔4,200公尺的巴朗山，俯視臥龍保護區，可以看到那裡的青山在低處是翠綠色的，中部是油綠色的，高處是暗綠色的。

這是因為低處海拔約1,500～2,000公尺以下的區域，是常綠闊葉林；中部海拔約1,500～2,500公尺的區域，是落葉闊葉與針葉混交林；海拔2,500～3,600公尺的區域，是針葉林。

在我們家族生活的秦嶺、岷山、邛崍山等6大山系，從低山到高山，生長著大約40多種竹類，有方竹、筇竹、剛竹、木竹、箸竹、箭竹、大箭竹、冷箭竹等。

不同的竹類，成為我們類型不同的大自然餐廳。春天，低海拔的餐廳有大量竹筍，供我們飽餐；夏天，中山和高山餐廳，有竹筍和嫩竹、嫩葉，我們又爬上去嘗新。

只要人類活動範圍不向著我們的棲息地擴張，大自然餐廳有足夠的竹類供我們食用。

I'm panda 我是大貓熊

竹林隱士原是「酒肉和尚」

由於我們愛吃竹子，人們就誤以為我們是「吃素的和尚」。其實，我至今還保留著食肉的嗜好呢。我身體胖，跑不快，追不上那些草食動物，卻可以撿到豹子、豺狼吃剩下的殘羹剩肴。

有關我們吃肉的「醜聞」，有太多的故事。

最出名的故事是，一隻霸氣十足的夥伴，直接闖入臥龍自然保護區的「五一棚」大貓熊野外觀察站。牠不但爬上了伙房的梁上，把大塊臘肉抓來啃吃，還鑽進帳篷裡翻箱倒櫃，把主人攆得四處逃散。後來，多次交往後，彼此成了朋友。好吃的東西源源不斷，過去的強取豪奪就沒有人再提起了。

吃飽、喝足，從帳篷的視窗看大森林，真是別有一番情趣！

隱士與人類
交上朋友

　　跟人類交道多了，竹林隱士的綽號漸漸被人遺忘。如今，從華盛頓到馬德里，從巴黎到東京，地球上好多名城的動物園，都有了我們的家園，我們與人類親切相處的故事成了美談。

1984年4月26日，一位老鄉在四川省平武縣高鄉村民主村，一片枯萎的箭竹林附近，發現了病、餓交加，已經奄奄一息、後來起名「龍龍」的大貓熊幼仔。縣林業局工程師鍾肇敏聞訊趕來，一看牠，渾身皮毛蓬亂，毫無光澤，像隻癩皮狗。那時，平武縣沒有條件修建設施齊備的大貓熊飼養場，他只好將這隻可憐的小傢伙抱回了自己的家。

對於鍾肇敏的夫人，以及女兒鍾敏、兒子鍾華來說，把自己的家當做大貓熊幼仔的臨時幼稚園，已不是什麼新鮮事。演過電影的「平平」、移居英國的「晶晶」，以及在洛杉磯奧運會大出風頭的「迎新」等，13隻大貓熊幼仔都曾經是這溫暖的家庭的一員。

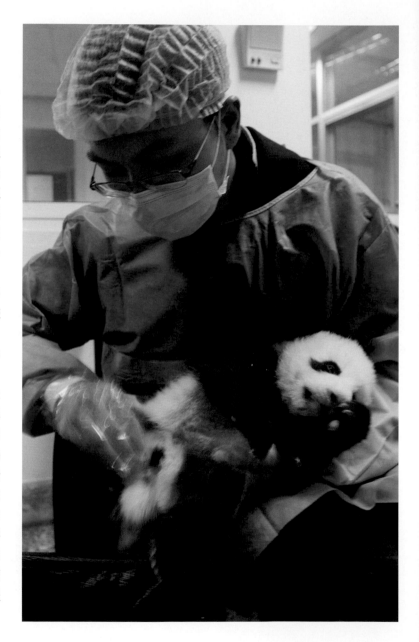

龍龍一到，鍾肇敏一家就給牠洗了熱水澡；鍾敏為牠精心梳理皮毛，逮出了92隻吸血鬼——草蝨子。一家人還分了工：鍾敏每天早上給龍龍打牛奶，鍾華負責給龍龍洗尿布，鍾肇敏負責白天的管理，而鍾肇敏的夫人負責半夜給龍龍餵牛奶。龍龍的「沙發床」，是一只墊著穀草的大籮筐，又暖和又舒適。

經過一個月的精心餵養，龍龍的病好了，毛色鮮亮，體態豐盈。縣林業局在城北的苗圃修好了一座簡易的「大貓熊房」，龍龍就要離開鍾肇敏一家了。龍龍亮晶晶的眼睛望著鍾敏，流露出依依不捨的神情。這一家子，爸爸叫牠「龍寶兒」；媽媽叫牠「龍么兒」；小姊姊和小哥哥叫牠「龍弟娃」，牠已經成為這個幸福家庭的一員了！

媽媽講的故事太精采了，我纏著她再講一個。
媽媽說：「講一個『乖乖』的故事吧！」

乖乖是佛坪自然保護區的大貓熊。那年冬天，牠在自己的領地遊蕩，總覺得有一個不明身分的傢伙跟隨著牠。「那傢伙」還學著乖乖掰竹筍、吃竹筍。乖乖想擺脫他，可他也會鑽竹林、爬山坡，怎麼也甩不掉。好多天之後，那傢伙靠近了乖乖，把最鮮嫩的竹筍掰給乖乖吃。乖乖覺得他挺哥兒們的，就讓他靠得更近一些。有時，乖乖背上癢癢了，又夠不著搔，正心煩氣躁時，那傢伙就湊上來給乖乖搔癢癢。那舒服勁兒甭提了，樂得乖乖直哼哼。

　　從此，那傢伙就成了乖乖的哥兒們，鑽山林、找吃食。冬天的夜裡，北風颼颼地颳，那傢伙找個背風地兒生起一堆火。

　　乖乖喜歡就著火光在附近找吃的，吃飽了就想睡。那傢伙也傍著火堆睡下，一身的冰雪也慢慢融化。

　　有時，那傢伙打開收音機，優美的音樂聲在山林裡迴盪。乖乖也漸漸迷上那來自遙遠地方的樂音，墜入了夢鄉。

　　森林、雪夜、音樂聲中睡著人與大貓熊。

　　這是一幅多麼浪漫、多麼溫馨的圖畫。

　　乖乖眼中的那傢伙，就是陝西佛坪自然保護區的高級工程師雍嚴格。

妮妮，我要告訴你，我們的同胞在城市安家，被人們照顧得不錯。人們只要懷著愛心走向大森林，也會與我們交上朋友。

寶寶貝貝大貓熊物語

有趣的問題

我有一副「墨鏡」，視力如何？
答：我的眼睛四周有一圈黑毛，像戴了一副墨鏡。由於長期生活在幽暗的森林裡，我的視力不那麼好，幸好有靈敏的嗅覺和聽覺，才使我不至於四處挨碰。

4

浪漫的婚配，辛苦的媽媽

報春花盛開的季節

　　報春花開了，杜鵑花如野火滿山滿谷盡情燃燒，
我們家族的成年個體開始唱情歌。山林裡飄來一股異
味，那是發情的傢伙，把下體的分泌物往樹幹上蹭的
結果。這股異味能隨風飄遠，科學家稱它是「化學通
訊」。牠告訴異性，我正急切地尋覓知音！

　　媽媽說：「妮妮，大貓熊一年四季都在孤獨地流浪，唯有這個季節（其實只有幾天），大大、小小，雄體、雌體，都會朝一個地方湊。錯過了極其短暫的戀愛季節，又是漫長的一年等待。有的個體，可能會錯過一生中難得的幾次機會，終身未品嘗到愛的滋味。所以，為了愛而決鬥是非常激烈和殘忍的。」

　　說話間，我聽見遠遠、近近傳來吼叫聲。

「春妞阿姨」招親

　　春妞阿姨是方圓幾十里最標緻的「美女大貓熊」。牠毛色鮮亮，體態豐盈，舉止秀雅，不知有多少小叔、大伯，為了奪得牠的愛大打出手。

　　我們還走在山路上，就聽見痛苦的叫喊聲。一位臉上掛彩，眼旁血腫；一位肩胛被撕掉一塊，露出血肉。樹下，站立著剛剛勝了兩場的「虎子」。媽媽說，動物學家稱虎子巡視的這個範圍為「發情場」，稱春妞上的那棵樹為「中心樹」。

　　媽媽的話音未落，一隻塊頭比虎子更大的傢伙，突然呼哧呼哧衝出來，一下子撞翻虎子。牠叫「雷雷」，是個好勇、鬥狠的角色。

　　虎子勃然大怒，一鐵掌狠摔過去，打得雷雷鼻血四濺。

　　兩名「勇士」像雷鳴、電閃的黑、白雲團，扭打在一起。吼叫著、喘息著，陣陣怒吼聲震盪山谷。

　　個大力猛的雷雷占了上風，虎子敗下陣來。雷雷來到春妞待的樹下，又是灑尿又是蹭肛門，在中心樹留下標記，確立對這個發情場的控制地位。

　　雷雷控制發情場後的3天，春妞又換了3棵中心樹。就在春妞下到溝底，喝水、食竹葉的時候，她聽到了雷雷呼叫。春妞離排卵高峰期越臨近，牠上樹的高度越低，同時外陰部也越來越紅腫，流出了黃色的液體，氣味也越來越濃。

　　雷雷氣喘吁吁地來到樹下，殷勤歡叫著，圍著樹走著、轉著，懇求春妞下樹。突然，一個大個子的身影閃了過來，逕直撲向雷雷。原來是虎子！

　　虎子受了傷，經過幾天休養，再振雄風，閃電出擊，一下子就把雷雷推下山坡。不等雷雷反擊，連抓帶咬，雷雷發出了陣陣慘叫。

105

當虎子回到中心樹時，春
妞發出了嬌嗔。春妞在虎子的
激情邀請下，很快下得樹來，
翹起尾巴，將臀部對向虎子。
虎子哼叫著，兩前肢搭在春妞
的後背上爬跨，雙方甜蜜地哼
著歡快的愛情曲。

牠們的愛情一定會結出甜美
的果實。到初秋時節，我們就會
看到春妞阿姨生下的小寶貝了。

亂點鴛鴦譜釀鬧劇

　　媽媽說：「在山野裡，我們大貓熊家族的婚事是狂放的、野性的、浪漫的，完全自個兒做主，比武招親，讓最強者留下後代。幾百萬年以來，我們就是這樣繁衍下來的。」

　　然而，在圈養條件下生活的夥伴，情況就不同了。

　　人類總是自以為是，按主觀意圖安排我們的婚配往往是亂點鴛鴦譜。包辦婚事的結果，不是鬧劇就是悲劇。

1981年，倫敦動物園的「佳佳」，飛越大西洋，前往華盛頓向「玲玲」求婚。可牠們一見面，就像仇人相見大打出手。美國和英國，薈萃著世界著名的動物學家，卻安排了一次失敗的跨國婚姻。

臥龍自然保護區也發生過這樣的鬧劇。

在核桃坪圈養場，有4位帥哥，同時愛上了一位情竇初開的美少女。但牠們的鄰居，一隻年歲較大的母貓熊發情了，可帥哥誰也不理會牠。

母貓熊這一次發情，也許是她生命中的最後一次。為了不浪費機會，專家決計來個「調包」。把母貓熊放進美少女的「閨閣」，因為閨閣充滿美少女身上留下的氣息。然後，按計謀在昏暗燈光下，把大帥哥放入閨閣。

大帥哥嗅到了美少女的氣息，興奮地哼叫著，一頭鑽入閨閣，心急火燎地向母貓熊撲了上去。騙婚成功了，可沒料到母貓熊發出了歡快的哼叫聲，大帥哥猛然發覺牠摟抱的不是美少女，而是母貓熊！

怒火萬丈的大帥哥，朝母貓熊狠狠咬去。飼養員急忙用高壓水槍噴射，不論水有多涼、水力有多大，就是澆不滅大帥哥心中怒火，反而咬得更兇狠。

　　情急中的飼養員找來一串鞭
炮，朝籠中一扔。劈劈啪啪⋯⋯
突如其來的爆炸聲，讓大帥哥鬆
了口，母貓熊趁機逃出虎口。

　　滿以為大帥哥就此甘休了，
誰料到牠在籠中又吼又叫，飼養
員想送幾根鮮竹安撫一下牠的情
緒，牠卻做出了讓所有人吃驚的
行為——自殘！

牠用一根竹子向自己的陽具戳去，戳到了小腹，痛得汪汪大叫。這時，幸虧專家果斷決定，趕快把美少女放過來！

鐵門一響，美少女來了。大帥哥先是一愣，接著發出類似羊叫的甜蜜聲音。美少女早就鍾情於大帥哥，牠倆一陣纏綿，便幸福地結合在一起了。

肉紅色小老鼠

「比武招親驚心動魄，愛的
追逐浪漫溫馨，接下來的事是生寶寶，
就沒有那麼好玩了，妮妮。」

媽媽說，懷孕之後的準媽媽，會開始大量攆
食（攆食就是追趕食物。由於低海拔山地氣溫高一
些，竹筍先出土，大貓熊就到那裡採食。隨著天氣
變暖，中山和高山的竹筍也長出來了，大貓熊就追
著竹筍遷徙。）營養豐富的竹筍。大約到了7月，就
開始準備產房。產房一般設在山洞或樹洞裡。產
房四周竹林茂密，流水潺潺，十分幽靜，也非
常蔭蔽。撿一些松枝和樹葉細細鋪墊，如
果是樹洞，用爪子刨下一些木渣墊
一墊，一張鬆軟的產床就鋪
好了。

媽媽說到這裡，我便問道：
「有個問題我想了好久，聽說我生
下來時很小很小，為什麼呢？」

媽媽說：「大貓熊寶寶才出生
時，完全像隻肉紅色的小耗子，只
有媽媽體重的1/1000，這在動物世
界是非常特別的個案。」按說從交
配、懷孕、分娩，總有76至180多
天的時間，為什麼子宮裡的寶寶還
那麼小？

寶寶貝貝大貓熊物語
「51（克）」的感動故事

　　2006年8月7日，成都大貓熊繁育研究基地的大貓熊「奇珍」，生下了一對雙胞胎幼仔。第一隻「哥哥」出生之後，奇珍根本沒有注意到一隻小不點直接從產道「滑出來」，掉在地上。

　　牠在地上想大哭、大喊幾聲，引起媽媽的注意，卻發不出聲音。牠在冰涼的地上掙扎，滾了幾下就爬不動。幸虧牠被科研人員發現，立即送進育嬰箱。牠，就是迄今為止體重最小的大貓熊幼仔——51。

　　一般大貓熊初生兒的體重是150克左右。51，只有正常體重的1/3！牠的大腦沒有回溝，血液裡沒有白血球，腎功能很不健全，體溫只有34度，生命如纖細的游絲，隨時可能夭折。

　　牠在「奶爸」懷裡焐了3小時，體溫終於正常了。接著，奶爸發現，牠的嘴巴竟然比媽媽的乳頭還小，根本無法讓奇珍哺育。眾所周知，沒吃過母乳的幼仔活不了幾天。奶爸便冒險從奇珍媽媽那裡擠奶。第一次餵奶，51連主動吞咽的反應都沒有，只能將乳汁一點一滴擠在牠嘴邊，讓其慢慢浸入口中。第一次餵奶0．8毫升，竟花了半小時。

　　就這樣，點點滴滴奶水讓51強壯起來。3年後，牠已長到了105公斤，身體各器官發育也正常，精神、食欲、生理生化等各項指標，都不輸其他正常出生體重的大貓熊。

　　大貓熊研究專家解開了大貓熊幼仔的祕密──「延遲著床」。原來，若交配成功，在母大貓熊物語的子宮裡就有了生命的「種子」──受精卵。種子附著在子宮壁上，就像種子入土，生物學叫做著床。著床後，就可以吸收母體的營養，一天天成長。可是，媽媽子宮裡的種子就是不著床──就像大貓熊總是在森林流浪，種子在子宮裡流浪。直到分娩前三、四十天才著床，大貓熊媽媽才有妊娠反應。所以，生下來的都是「早產兒」，就像一隻肉紅肉紅的小老鼠，長著白色胎毛，一般約有75～160克。媽媽得整天抱牠在懷裡，讓牠吃奶、讓牠睡，至少要在樹洞裡待1個多月。

　　1個多月之後，媽媽才敢把熟睡的寶寶小心地放在「床」上，用樹枝蓋好，趕快到竹叢中去啃幾口竹子，還得邊吃、邊注意四周的動靜。因為黃喉貂和金貓是專門襲擊幼仔的傢伙，當媽媽的得時刻提防這兩個惡賊。

憤怒的「珍珍」
和溫柔的「嬌嬌」

　　聽媽媽講完「肉紅色小老鼠」這一段，才知道媽媽把我養大真是不容易。媽媽還告訴我，科學家研究證明，哺乳動物在當媽媽之時，會顯示出超強的母性，生怕有人動了牠的幼仔。

　　1981年，臥龍的珍珍生下小寶貝1個多月後，夏勒博士和胡錦矗教授，根據無線電定位去「拜訪」牠。誰知牠誤會了兩位專家的美意，聞風出擊，狠命追趕兩位專家，攆得他們滿山跑。

　　也許是平時珍珍與兩位專家缺少溝通，為了保護自己的幼仔，才表現出強烈的攻擊性。而生活在秦嶺的嬌嬌，態度就不一樣。

　　1985年早春，著名動物學家、北
京大學的潘文石教授，在陝西長青自
然保護區與大貓熊嬌嬌相遇。在林區
職工向幫發的協助下，嬌嬌被麻醉並
戴上了無線電頸圈，成為一隻提供大
量情報的「科研大貓熊」。

　　一年之後，嬌嬌生下幼仔。據觀
察紀錄，嬌嬌為了這個寶貝疙瘩，竟
然40多天不吃、不喝，讓幼仔一直睡
在懷裡，沒沾過地。

潘教授一行在一個極其險要的洞穴，找到了嬌嬌母子倆。大概是嬌嬌已經非常熟悉潘教授等專家的氣味，所以她懷抱著幼仔不驚不詫。以後，嬌嬌出去找吃、喝，把虎子留在山洞裡，潘文石、呂植師生和向幫發，便趁機去了解虎子的健康狀況。有一次，嬌嬌已回到家門口，見潘教授還在逗虎子玩，也不吼不叫靜坐一旁。好像在說：「只要虎子不鬧，隨你們玩吧。」虎子自出生就與人親近，嬌嬌和虎子母子倆，成為罕見的與人類一直保持著密切聯繫的大貓熊。

學會看家本領

日子過得真快，
我發覺越長大，媽媽就
對我越嚴厲，就像一位
「魔鬼教練」！

她又吼又叫，齜牙
咧嘴，讓爪子還不鋒利
的我朝樹上爬。爬得
慢，她要吼；滑下來，
她要吼；爬低了，她要
吼；爬累了，不想爬
了，她也要吼。

　　長大了才明白，爬樹是我們大貓
熊家族生存的基本功，媽媽從嚴要
求，讓我受用一生。要躲避豺、豹、
狼和熊的襲擊，也為了進行日光浴和
避雨，我經魔鬼教練嚴格訓練，不僅
能爬到很高的樹梢，還能保持身體平
衡，在樹梢上美美地睡覺，使那些不
懷好意的傢伙只能望樹興嘆了。

才幾個月，媽媽就教我們吃竹葉。漸漸地，什麼樣的竹子最好吃，哪一根竹子有蟲眼，我嗅嗅就知道了。我選竹子的本領非常高，我吃竹筍更有一套！如果竹子籜殼上有毛，我就先用靈活的「手」將竹筍扳斷，用門牙輕輕咬住帶毛的籜殼，把籜殼嚓嚓剝開，露出鮮嫩的筍肉，一節節吃下。

有一天，媽媽帶我們到溪水旁，卻不喝水，突然涉過溪水，跑到對岸去。我急得大叫，可媽媽就是不理我，只顧自己往前走。我一著急也踩進溪水裡，水好急啊，浪花好響，顧不得了找媽媽要緊！我學著媽媽的樣子踩水而過，有點害怕，也有點刺激。從此，我學會了涉水──一旦遇上危險，我可以毫不猶豫地朝湍急的溪流裡果敢一跳！

對於我們大貓熊家族，一歲半，就算半成
年，就必須離開媽媽獨立生活。一歲半，將踏上
充滿樂趣也充滿風險的生活道路。

我向著浩瀚的大森林吼幾聲：
「我來了，我是大貓熊妮妮！」

5

從「家園」回歸故鄉

生活在大貓熊的家園

一歲半的時候，媽媽突然離我而去。

　　我曾在大森林中四處尋找，希望找到親愛的媽媽。天黑的時候，我感到特別害怕，就在樹洞或岩窩裡避一避；聽到黑熊、豺狼的嚎叫，我早早就爬上樹躲起來。餓了、渴了，我就照媽媽教我的辦法找吃、找喝。好多天過去了，我終於明白，

　　為了讓我獨立生活，媽媽永遠離我而去了。

　　五歲的時候，我出落成一隻
美女大貓熊，成為遠遠、近近十
幾位勇士追逐的對象。我也學春
妞阿姨的樣，通過比武招親找到
如意郎君。當年生下一隻寶寶，
成為了年輕的媽媽。

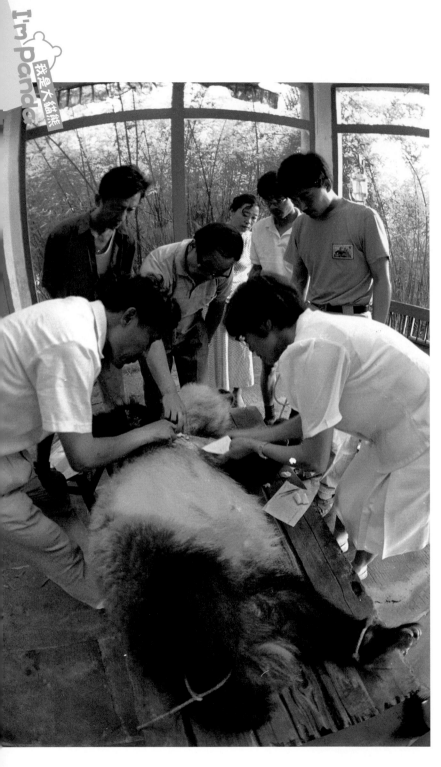

七歲那年，出了意外，眼睛被竹枝戳傷。後來得了白內障，看不清路，覓食遇到很大的障礙。飢寒中，腸道也出了毛病，瘦得皮包骨。拖著病體，我冒險朝山下走去，昏倒在路邊。幸運的是，有人發現了我，把我送到大貓熊保護區。在那裡，獸醫為我做了白內障摘除手術，讓我養好了身體。

　　彬彬有禮的科學家，熱情耐心的飼養員，對我生活上的安排無微不至。家園應有盡有，但唯一讓我不習慣的是少了最寶貴的自由。

　　多住一些日子我就知道了，在舒適生活的背後，是非常重要的歷史使命。

自然保護區仍然不夠

　　原來，為了使我們古老的家族一代代繁衍下去，20年前，在中國的四川、陝西和甘肅3省，建立了14個大貓熊自然保護區。以後又不斷增加，至今已達64個保護區。總面積也由130萬公頃，增加到230萬公頃，保護了60%的棲息地和70%以上的野外大貓熊。

我們的家鄉——神話世界九寨溝，山奇水秀的臥龍、蜂桶寨、唐家河，以及王朗、佛坪、太白山、白水江，都是令人陶醉的自然風景區。

我們的家鄉雪峰聳峙，森林茂密，溪流縱橫，氣候溫潤。每年春風吹來時，火紅的、雪白的、紫色的，還有粉紅的杜鵑花漫山遍野開放。每年，秋雁飛過的時候，滿山的紅葉、黃葉，像燃起了無數火炬，山山嶺嶺都變得五彩斑斕。

我們的鄰居有皮毛華麗、騰躍如飛的金絲猴；身體碩壯、性格古板的扭角羚；唇白毛亮、四蹄生風的白唇鹿；以及毛冠鹿、林麝、小貓熊等。我的家鄉是珍稀動物的樂園。

我們的家鄉還擁有珍稀植物的活化石。曾生活在1.5億年前的珍貴樹種——水青樹、連香樹和珙桐樹，在我的家鄉長得枝繁葉茂。許多奇花異草、名貴藥材，4,000多種植物，使我的家鄉成為地球上的「物種寶庫」。

　　自然保護區像一個個「句號」，意味著一種結束。如果是結束了刀斧的旋風，結束了被獵殺的命運，算是一種結束吧。而事實上，只有這句號是遠遠不夠的。

人工圈養大貓熊

1974年至1976年，岷山山系的華桔竹大面積開花、枯死，造成我們家族生存史上的大飢餓。調查隊員踩著沒膝的積雪，經過一片片因開花而枯黃、發黑的竹林，不斷發現屍體——有的已經腐爛不堪，有的被豺狼撕碎，有的母、子緊抱著長眠雪谷裡。一個苦澀的數字震驚了世界——138隻大貓熊陳屍山林！

竹類屬禾本科，大約50年開花、枯萎一次。在我們家族的生存史中，不知經歷過多少次竹子開花。因為竹類品種多，這一類竹子開花，另一類竹子不會同時開花，所以，沒有鬧過大饑荒。但當時，自然保護區的竹類數量寥寥無幾，毀林開荒的事層出不窮，竹林破壞嚴重，主要的竹類一開花，我們就面臨絕境。

I'm panda 我是大貓熊

1980年，WWF將大貓熊寫入
紅皮書，被列入極度瀕危狀態的動
物之首，亟待拯救。當年，國家林
業部與WWF合作，決定在臥龍修
建中國保護大貓熊研究中心。

　　1983年，擁有先進設備
儀器的實驗室、獸醫院、圈
養場等機構的中國大貓熊保
護研究中心建成。

　　1983年夏季，災難再度
襲來，岷山和邛崍山系的高
山箭竹大面積開花、枯萎，
500多隻大貓熊再次大禍臨
頭。

　　繼上世紀70年代之後，
成都動物園再次成為大貓
熊的醫療與救助中心。送到
成都動物園的大貓熊90%獲
救。但是，野外的生態環境
尚未恢復，康復的大貓熊不
能完全放歸山林。於是，
「遷地保護」的戰略決策開
始形成。

I'm panda 我是大貓熊

　　什麼叫遷地保護？將大貓熊的主要棲息地劃為自然保護區，這叫就遷地保護。相對「就地保護」而言，將大貓熊轉移到人工環境（比如位於臥龍核桃坪的中國大貓熊保護研究中心飼養場、成都動物園、成都大貓熊繁育研究基地），或遷移到另一適宜生存的環境，這就是遷地保護。按世界保護聯盟（IUCN）的標準，在野生環境下、一個瀕危物種種群數量下降到接近1,000隻時，人類就應當介入，建立一個「人工類比」的環境，對其實施遷地保護。

在棲息環境破碎化、野生大貓熊處於「生態孤島」、繁殖與交流困難重重的狀況下,遷地保護顯得尤為重要。

遷地保護的核心,是加強人工飼養和繁育研究。在人工繁育的大貓熊種群達到一定數量之後,再進行「野放」,促使野生大貓熊種群復壯,讓大貓熊家族得以興旺。這是一條崎嶇而漫長的路。

寶寶貝貝大貓熊物語

遷地保護成功的典範

1866年，法國神父、博物學家大衛，在北京皇家獵苑南海子發現了麋鹿，經鑒定是新物種。麋鹿，便被運往歐洲的動物園。1894年，永定河氾濫衝垮圍牆，逃散的麋鹿成為飢民果腹之物。1900年，八國聯軍攻入北京，園林被毀，麋鹿從此在中國消失。而「流亡」歐洲各地的18頭麋鹿，被英國貝特福德公爵悉數買下，放養於他的水草豐茂的烏邦寺莊園，由於得到很好的遷地保護，竟在德機轟炸與二戰的動盪中繁衍下來。1985年以後，英國3次無償向中國提供麋鹿種群。麋鹿，從英國回到故土，在江蘇大豐、北京南海子等地安家。僅大豐一地，現有麋鹿1,618頭。這就是遷地保護成功的範例。

經30多年努力，以臥龍的中國大貓熊保護研究中心，和成都大貓熊繁育研究基地為主的人工圈養大貓熊，從16隻發展到341隻。

遷地保護，將改變我們家族的命運。

147

攻克「三難」

　　1963年9月，第一隻人工圈養大貓熊在北京動物園產下幼仔，欣喜以後又沉寂多年，經專家採取各種方式，均不見成果。

　　大貓熊「玲玲」，從1972年定居美國華盛頓動物園，到1999年病逝，先後曾生育3次，均無一仔存活。

　　中外專家都說：人工圈養大貓熊的繁殖、育幼，難、難、難！

三難是「發情難」、「配種受孕難」、「育幼成活難」。

相比野外環境，小小獸舍六面碰壁，如同監牢。我們受到食物、環境等的限制，攝取營養極不平衡，導致體質下降，行為刻板。為此，專家研究和應用了「環境富集」技術，創造多樣化的生活環境，擴大生活空間，讓我們增加活動量，活力明顯增強。

我們在野外可以自由選擇食物，營養均衡。圈養後，只能被動攝取食物，竹子品種單一。專家又通過調整食物結構和飼餵方式，給我們增加人工配合飼料和果蔬飼料，加強補充微量元素、蛋白質等營養成分；少吃多餐，符合野外的採食策略，強健了體魄。

在發情期間，對我們雌性、雄性個體進行發情誘導。將圈舍雌、雄搭配，定期調換圈舍，以便相互刺激。這些措施，使90%的育齡雌性個體均能正常發情，解決發情難的難關。

專家早就想到，人工圈養的雌性個體，若能在自然交配的基礎上輔以人工授精，或完全實施人工授精，肯定會提高懷孕率。

早在上世紀80年代初，成都動物園就開始探索冷凍精液的採集、稀釋、凍結、解凍等關鍵技術。1996年，華盛頓動物園的育種專家久格爾博士來到中國。經過與久格爾交流，發現稀釋液的配方是精子活力的關鍵。經過全力以赴的攻關，幾十種配方一一進行篩選，終挑出一種最佳配方。

　　再通過多種技術監測激素
指標，把握住雌性大貓熊的排
卵期。選擇了最佳的時機，進
行自然交配，輔以人工授精，
形成「雙保險」。配種受孕難
這一關終於被攻克。「三難」
解決了「二難」。

　　但是，在輝煌的成績背
後，聽見了痛苦的嚎叫嗎？

　　先說採精，用潘文石教授
的說法是「受電刑」！

在探索初期，要用多少伏的電壓、多長時間「過電」？專家心中沒底。被選中的採精「壯漢」四肢被縛，一過電便嗷嗷大叫，渾身顫抖，慘不忍睹！不知經歷了多少次痛苦實驗，專家終於摸索到一種電壓低、時間短的「文明」採精方法。

過去，由於對排卵期沒有準確的把握，只能以數量求品質。按成都大貓熊繁育基地的紀錄表明，1980～1993年，先後對98隻母大貓熊物語進行人工授精，每次在發情期內，授精少則5、6次，多則7次。

想一想，我們的姊妹每次人工授精前要麻醉，數日之中，天昏地轉，噁心嘔吐，是多麼痛苦的事！十幾年來，產仔20胎，產仔率只有20%。

如今，對排卵期能做出較為準確的判斷，對發情的母大貓熊人工授精下降到兩次以內，但產仔率反而提高到50%，接近自然交配水準。

痛苦嚎叫，渾身顫抖，天昏地轉，噁心嘔吐，是我們為了遷地保護取得成功所付出的沉重代價。

奶媽的懷抱，人類的乳汁

再說說育幼成活難。

我們家族的產婦，生雙胞胎的機率大約是48%。由於野外生存環境惡劣，生下雙胞胎之後，通常只養一隻，要丟棄一隻。還有個別大貓熊媽媽缺乏經驗，不會帶娃娃。所以，人工繁殖成活率只有33%。養好雙胞胎，讓有經驗的媽媽，能當上缺奶水的幼仔的「奶媽」，是提高成活率、突破育幼難的關鍵。

當年，人類對我們缺乏了解，流行的權威說法是，大貓熊育幼要絕對安靜，人絕不能去驚動牠。如果牠受了驚，哪怕聞到一點異味，都會惶恐不安，立刻咬死幼仔，類似的悲劇在小貓熊媽媽分娩後，也發生過。

大貓熊媽媽會不會一有動靜就咬死幼仔？

這是大貓熊行為學研究上的盲區。

我們畢竟與黑熊和小貓熊不一樣，經多次驗證，相熟的飼養員小心接近大貓熊媽媽，並未引起驚恐。如果把丟棄的幼仔拾去人工餵養，又引發了兩大難題：一是育嬰箱保持多高的溫度？二是給牠餵什麼奶？

他們沿用人工哺育老虎、獅子幼仔的經驗，在木箱裡吊上個燈泡，保持攝氏30度左右的溫度，結果幼仔冷得不行，兩、三天就被凍死了。

育嬰箱的溫度應當是多少？真讓奶媽傷惱筋！

1988年，成都的「美美」生下了雙胞胎。我們親愛的奶媽輪流把幼仔用小毛巾包起來，緊貼胸脯、蓋上被子「坐月子」，用人體溫暖小寶寶。

小寶寶在奶媽的懷抱中，不吵不鬧乖乖地睡了，一天天長大。後來，獸醫設法測得奶媽懷抱的溫度──攝氏36至37度。以後，有了自動育嬰箱，這就成了「經典溫度」。

157

至於給大貓熊幼仔餵什麼奶，更是煞費苦心！牛奶、羊奶、國產奶粉、進口奶粉全試過了，最後嘗試用人奶。

遺憾的是，新鮮人奶也無法延續大貓熊幼仔的生命。一隻旅居日本的大貓熊媽媽滴落在地上的一滴初乳，被日本科學家蒐集起來，立即進行分析、仿製，但無論怎麼仿製，也無法替代大貓熊媽媽的初乳。那初乳稀稀的像綠色的菜汁，包含了人工無法合成的豐富的抗體。只有吃上初乳的大貓熊寶寶，才有存活的希望。

野放，從「祥祥」犧牲開始

2006年4月28日，臥龍久雨初晴，陽光明媚。出生於2001年8月的雄性大貓熊祥祥，經過3年多的野化訓練，代表當時全球擁有的200多隻圈養大貓熊回到故鄉。

讓一隻曾經飲食無憂、安全舒適、生活在蜜罐的乖娃娃，回到故鄉、去搶地盤、生存下去，真不容易！野放，是遷地保護的最終的科學「頂峰」——目標明確，增加野生大貓熊的數量和遺傳多樣性，使我們甩掉「瀕危」的帽子。

專家憑無線電信號分析，祥祥在故鄉正常生活了半年多。12月13日，信號表明祥祥有一次長途跋涉。研究人員找到了祥祥，發現牠的背部和後掌受傷嚴重。看起來是與同類有一次慘烈的搏鬥，牠受傷敗下陣來，逃得遠遠的。經過半個多月調養後，祥祥再度回到山林裡。2007年1月7日，信號消失；2月17日，巡山人在雪地裡發現了祥祥的屍體。

據分析，祥祥是在爭奪地盤的又一次激烈打鬥中，摔下懸崖、頭部破碎、壯烈犧牲的。這是為探索野放付出的沉重代價！

祥祥的犧牲，沒能阻擋攀登的腳步。

2010年7月20日，「草草」、「紫竹」、「英萍」、「張卡」4隻完成配種的雌性大貓熊，作為二期項目的首批試驗個體，入住野化培訓基地。2010年8月3日，草草產下「淘淘」，淘淘便成為首隻在野化培訓場誕生的大貓熊寶寶。

　　淘淘在野化培訓圈裡，與媽媽相依為命，學習爬樹、選竹子等本領，還成功地經受住了暴雨、泥石流、雪災等惡劣地質與氣候災害的考驗。2012年10月11日，在臥龍野化場地長大的淘淘，被送到四川省雅安市石棉縣栗子坪自然保護區麻麻地，回到大自然的懷抱。

　　從人工環境大貓熊家園走向回鄉之路，絕不平坦，但肯定是遷地保護最精采的大戲。這是我們大貓熊家族從瀕危走向復興的歷史性轉折。

163

寶寶貝貝大貓熊物語
有趣的問題

我們有哪些天敵？

答：豺狗是我們的天敵，牠們性格兇殘，動輒一哄而上，將對手置於死地。牠們這一手，連體重千斤的龐然大物扭角羚，和勇猛的黑熊都畏懼三分。遇到牠們，我們的老辦法是爬樹、泅水──三十六計走為上策。走投無路時，就只有死拚。

我的天敵還有狼、豹，以及專吃幼仔的黃喉貂、金貓。

誰跟我們爭搶食物？

答：竹鼠和小貓熊也愛吃竹筍。一開春，我們要下到低山去「攆筍」。但往往我們還沒有趕到，愛吃竹筍的竹鼠和小貓熊，早已捷足先登。還有一些不以竹類為主食的鄰居如獾、野豬、黑熊、水鹿、牛羚，也來湊熱鬧、嘗新鮮、啃竹筍。我只好忍氣吞聲，步步退讓。

森林裡是不是有吸血鬼？

答：故鄉多雨，隨著雨滴落下來的旱螞蟥，讓人和動物以為是一滴水，不經意就讓牠吸飽了鮮血，牠們就是森林裡的吸血鬼。

有一種叫「蜱蟎」的吸血鬼，常寄生在我們厚厚的毛皮內，一代又一代以吸我們的血為生。牠使我們出現貧血、衰竭等症狀；嚴重時，甚至危及我們的生命。

在我們體內，常有一種叫做「貓熊蛔蟲」的寄生蟲。這種寄生蟲繁殖起來，也會危及我們的生命。胡錦矗教授曾經解剖過一隻被蛔蟲害死的大貓熊，從腸道、喉頭，掏出2,304條蛔蟲。

6

大貓熊的保護神

汶川、北川、青川

　　2008年5月12日下午2時28分，汶川大地震突然爆發。

　　像數萬頭野牛發出沉悶的吼聲，大地像海盜船一樣劇烈搖晃，河兩岸的山瞬間崩潰。位居臥龍核桃坪的中國大貓熊保護研究中心的飼養場，離震中映秀，直線距離不到10公里，巨石如瘋狂的坦克車，將32套圈舍輾爛，14套圈舍徹底搗毀，大門也被完全封堵──我的可愛的家園被摧毀了！

　　中國科學院院士陳運泰指出，相當於1,250枚廣島原子彈爆炸的巨大能量，瞬間被釋放出來，造成中國四川省汶川縣，發生芮氏8級大地震。

　　3條自西南向東北的地下大裂縫，長達470公里，寬達100公里，像漢字的「川」字，橫貫四川省西北部。汶川縣的臥龍、北川縣的小寨子溝、青川縣的唐家河，直到甘肅省的文縣白水江──「512」大地震的整個地震帶，正是以保護大貓熊為主的自然保護區所在地。

我們家族的主要成員──占中國野生人貓熊總數88%的1,400多隻野外大貓熊，全都成為「災民」！

大地震造成的不僅是人間悲劇，也是整個生物圈的悲劇。

「團團」、「圓圓」、
「茜茜公主」

「大地震爆發之時，我與一
位美國人差點碰上了鼻子。」
　這位名叫羅伯特‧利特瓦克
的美國遊客事後回憶：「大地在
搖晃，我站立不穩，一抬頭正
好與大貓熊對視，我們相隔非常
近，我看到大貓熊也試圖保持平
衡……」，他生動描繪人與大貓
熊在地震時，命運與共的情景。

災難降臨時，一方巨大的臥牛石飛滾下來，把團團、圓圓的幸福家園一舉摧毀。在左鄰右舍的驚叫聲中，牠倆雙雙出逃，只留下個空鞦韆在晃盪。

14隻8個月大的幼仔，完全是一團團可愛的絨球，牠們在餘震的轟鳴聲中瑟瑟顫抖，擠成一團，顯然是嚇壞了。

研究中心的職工，救出了35名外國遊客，將他們送到較為安全的地方，然後開始搶救大貓熊。

「先救娃娃！」「先救娃娃！」他們眾口一詞在傳遞著一個資訊，先救出我們的娃娃。

幼仔體重30多公斤，已經很沉，爪子也很尖利。工作人員不顧牠們抓、咬，輪流抱著牠們奔跑，14隻小寶貝迅速通過了逃生通道，送上了橋頭。有位女飼養員累得虛脫，外國遊客目睹此情，無不流淚。

一輛麵包車擠滿了14隻小寶貝和牠們的奶爸、奶媽，在飛石不斷墜落的公路上顛簸，終於冒險到達沙灣——臥龍自然保護區管理局。

在沙灣，中國大貓熊博物館大門前的空地上，14隻碗已盛上了牛奶，一字擺開。在連續數日與外界隔絕的最困難的時期，人們再餓也保證我們的娃娃吃飽、吃好。

群山還在搖晃，塵土還未散開，人們從泥石流中，找回了一身泥漿、面目全非的「幗幗」和團團。

13日早上，研究中心員工冒險爬上飼養場背後破碎的山體上，到大貓熊可能活動的區域去投放胡蘿蔔、蘋果。

「圓圓！——妃妃！——毛毛！——小小！——」

173

我是大熊貓
panda

　　奶爸、奶媽嘶啞的喊聲在山谷迴盪。他們像尋找自己的迷路的孩子一樣心急如焚，恨不得翻遍山林、溝壑。

　　震後第4天黃昏，圓圓和妃妃被找回來了。

　　美女圓圓灰頭土臉，目光驚惶，與圓圓朝夕相處的奶媽徐婭琳，竟喜極而泣，大哭了一場。惹得剛趕上這精采瞬間的臺灣記者也眼圈發紅，唏噓不止。

團團和圓圓

　　災難使所有的「災民」瞬間變得懂事。
　　由於圈舍損毀近半，勉強能容身的圈舍
變得十分擁擠，成年大貓熊也變得通情達
理，十分配合往日爭食、爭地，要打架、
鬥毆，此刻，兩隻、三隻關在一起也相安
無事。
　　看到圓圓一改往日的活潑，每走一步都
盡量放輕腳步，人人都感到心疼。這是地
震造成的心理傷害。

5月26日，有人發現了在19日的餘震中，受驚嚇逃走的茜茜公主。研究中心立即組織了搜救隊，在上百名森林武警、13軍官兵和交通直屬部隊的有力支援下，迎著大雨、冒著餘震與大滑坡的危險，從陡峭的崖邊，將失蹤的茜茜公主抬了回來。

迎駕茜茜公主的人們，渾身上下除了泥水和雨水、還有血水──不知有多少隻旱螞蟥趁機黏上身飽吸人血，在衣服上留下片片血跡！

6月10日，臥龍的人們為地震中遇難的毛毛舉行了葬禮。至此，可以確認，研究中心飼養場的63隻大貓熊，1隻遇難、1隻失蹤，其餘的全都健康活潑。

研究中心全體員工在天塌、地陷之時，為我們撐起了一片生命的藍天。

研究中心陸續將60隻大貓熊，分8批轉移出臥龍。

　　暫別臥龍，鄉親揮淚相送，依依難捨。多年來，鄉親為了大貓熊有更寬敞的生存環境，退耕還林，做出重大犧牲；由於保護區對修房子、對品質要求相對要高一些。大震來臨，臨近震中的臥龍居然損失較小，令老鄉深信「大貓熊保護了臥龍」！

　　聯想整個中國，為了保護大貓熊，劃出64個保護區，使長江上游生態環境有所改善，從這個意義上說「大貓熊保護了中國」！

復甦與重建

512大地震過去6年多了。

去臥龍的路，修通了又被山體滑坡和泥石流截斷，目前能通行的臨時山路仍崎嶇難行。其它的自然保護區，比如龍溪至虹口也因為道路難行，旅遊者銳減到幾乎為零。

人為活動減少，正好「封山育林」。

以龍溪至虹口為例，地震山坡上，70%的區域已經被草本和灌木所覆蓋。恢復快的灌木叢，平均高度已達到兩公尺，呈現一派欣欣向榮的翠綠。各自然保護區栽種的大貓熊的食用竹類，也長勢良好。

監測資料顯示：我們家族生活在保護區山野的成員，分布情況與震前基本一致，基本活動在原有領域內。專家的結論是，地震對野生動物棲息地的消極影響是局部的，也是暫時的。大自然這個生態系統，顯示出強大的自我修復功能。

　　最近，令我們家族為之興奮、讓全球大貓熊粉絲為之欣慰的是：由香港援建、世界一流的集科研與大貓熊飼養於一體的大貓熊家園、研究中心，在臥龍耿達鄉黃草坪建成，正在修建的還有都江堰大貓熊疾控中心。

　　成都大貓熊繁育研究基地，從來就把科研作為重中之重的工作。以瀕危動物保護研究為主攻方向的國家重點實驗室落戶基地，推動著基地不斷取得新成果。加之都江堰「貓熊谷」野放中心一期建成，讓我們大貓熊家族處於這樣一個可喜的生存狀態：離現代科學越來越近，災難越來越遠。

四姑娘山與保護神

在藏民的寨子裡、在熱烘烘的火塘旁，
你聽到過大貓熊保護神的故事嗎？
牧羊姑娘格桑帶著3個妹妹生活在高山
上，大貓熊成了她們的鄰居和好朋友

一次，一隻兇狠的金錢豹叼走了一隻大貓熊幼仔。4位姑娘奮不顧身同金錢豹廝打，終於奪回了幼仔。

格桑的懷抱，像媽媽的懷抱一樣溫暖。格桑姊妹那一雙雙眼睛，充滿了愛與期待。她們相信幼仔能活下來。

這時，天氣驟變，冰雹襲來，4姊妹輪流抱著幼仔四處躲藏，被冰雹打得遍體鱗傷。光禿禿的山坡上，竟然找不到一棵大樹、一個山洞可以藏身。

突然，雲破天開，天神站在雲端說：「若要救下這一隻大貓熊幼仔，你們之中有一人必須捨其生命。」4姊妹都爭著要捨命救大貓熊，感動了天神。天神說：「賜你們不死，讓你們永遠保護大貓熊吧！」話音剛落，4位姑娘化為4位披銀、戴盔的女神，轟然崛起了4座雪峰。這就是臥龍自然保護區內的最高峰、大貓熊的保護神──四姑娘山。

　　這個故事讓我想起，在臥龍、在成都的大貓熊產房外的那些「大貓熊奶爸、奶媽」。只要有幼仔降生，他們就會一動不動守候在那裡，分分秒秒盯著大貓熊媽媽，記錄媽媽的每一個動作、幼仔的每一聲啼哭，連眼睛都不會眨一下。他們擔心媽媽打個盹、一不小心會壓著了幼仔，又擔心幼仔滑落到冰冷的地上……他們就這樣守候著，從盛夏到隆冬，從黑夜到黎明，從年紀輕輕到兩鬢銀霜，從老一代到第二代、第三代，就像傳說中的格桑姊妹，那一雙雙眼睛充滿了愛與期待。

186

這個故事，讓我想起全世界所有關愛我們的人們。

潘文石教授說：「只有愛，才能使大貓熊生存下去！」

人類的大愛使我們絕處逢生，大貓熊的命運，
從來沒有像今天這樣與人類的命運緊密相連。

2007年7月26日，好萊塢金牌編劇、英國著名
科幻大師尼爾‧蓋曼，在成都大貓熊繁育研究基
地，與一隻大貓熊親密接觸，寫下了如下感言：

將一歲大的大貓熊抱在膝蓋上，
這種絕對的幸福，勝過其它許多獎
勵。對於作家，這種經歷完全值得
了！說真的，如果每個月人們都能去
與大貓熊親密接觸，我猜想，世界和
平與融合，將於一週內實現。